人工智能

技术原理及应用探索

魏 芬◎著

四川科学技术出版社

图书在版编目（CIP）数据

人工智能技术原理及应用探索 / 魏芬著 . -- 成都：
四川科学技术出版社 , 2024. 11. -- ISBN 978-7-5727
-1600-3

Ⅰ . TP18

中国国家版本馆 CIP 数据核字第 2024YJ5686 号

人工智能技术原理及应用探索
RENGONG ZHINENG JISHU YUANLI JI YINGYONG TANSUO

著　者　魏　芬

出 品 人　程佳月

责任编辑　陈　丽

助理编辑　张　晨

选题策划　鄢孟君

封面设计　星辰创意

责任出版　欧晓春

出版发行　四川科学技术出版社

　　　　　成都市锦江区三色路 238 号 邮政编码 610023

　　　　　官方微博 http://weibo.com/sckjcbs

　　　　　官方微信公众号 sckjcbs

　　　　　传真 028-86361756

成品尺寸　170 mm×240 mm

印　张　8.5

字　数　170 千

印　刷　三河市嵩川印刷有限公司

版　次　2024 年 11 月第 1 版

印　次　2024 年 11 月第 1 次印刷

定　价　60.00 元

ISBN 978-7-5727-1600-3

邮　购：成都市锦江区三色路 238 号新华之星 A 座 25 层　邮政编码：610023

电　话：028-86361770

　　人工智能（artificial intelligence，AI）与空间技术、能源技术并称世界三大尖端技术，它是在计算机科学、控制论、信息论、神经生理学、哲学、语言学等多种学科研究的基础上发展起来的，是一门新思想、新观念、新理论、新技术不断涌现的前沿性学科和迅速发展的综合性学科。

　　从 IBM 的"Waston"到微软的"小冰"，从"深蓝"到"AlphaGo"，人工智能一次次引人注目。当前，人工智能被广泛应用到各行各业，成为推动产业发展的重要手段之一。

　　随着社会的不断发展，人们对人工智能的讨论和研究越来越深入。人工智能技术服务于人类已成为大势所趋。同时，人工智能技术也渗透到各行各业，颠覆了许多传统行业的运作模式。人工智能技术正在改变人们的生产和生活方式，创造着巨大的商业价值。人工智能与大数据、云计算相结合，将更好地服务于人们的生活，推动时代向前发展。

　　目前，我国的人工智能产业发展迅猛，了解和掌握最新的人工智能技术原理显得格外重要。同时，对于人工智能技术的实践探索也是促进社会经济发展的一个关键因素。使用人工智能技术获取、存储、传输和处理信息，运用人工智能解决实际的问题，逐渐成为社会发展的重要标志。

　　本书首先对人工智能的基本概念、发展历程、研究学派进行了讨论，接着详细论述了人工智能的开发技术，然后分别对智能音频技术、图像识别技术进行了深入探讨。本书始终坚持理论联系实际的原则，在讨论人工智能理论的同时，还对机器学习进行了研究。最后，本书提出了人工智能的发展机遇及风险挑战，阐明了人工智能在未来的重要意义。

　　本书内容翔实、逻辑严密，希望本书的出版能为我国人工智能产业相关人员的工作带来帮助。

目 录

第一章　人工智能概述

第一节　人工智能的基本概念

什么是智能？什么是人工智能？人工智能和人的智能、动物的智能有什么区别和联系？这些是每个人工智能的初学者都会问到的问题，也是学术界长期争论的问题。人工智能的出现不是偶然的。从思想基础上讲，它的出现是人们长期以来探索能进行计算、推理和其他思维活动的智能机器的必然结果；从理论基础上讲，它的出现是控制论、信息论、系统论、计算机科学、神经生理学、心理学、数学和哲学等多种学科相互渗透的结果；从物质基础上讲，它的出现是电子数字计算机广泛应用的结果。为了帮助读者更好地理解人工智能的内涵，本节先介绍一些与人工智能相关的基本概念。

一、智能的概念

智能一词源于拉丁文的"Legere"，意思是收集、汇集。对智能的本质是什么，智能是如何产生的等问题，尽管相关的学者和研究人员一直在努力探究，但仍然没有完全解决，依然是困扰人类的自然奥秘。

近年来，神经生理学家、心理学家等对人脑的结构和功能有了一些初步认识，但对整个神经系统的内部结构和作用机制，特别是脑的功能原理还没有完全搞清楚；因此对智能做出一个精确、可被公认的定义显然是不可能的，即研究人员只能基于自己的研究领域，从不同角度、侧面对智能进行描述。通过学习这些观点，人们可以大致了解智能的内涵和特征。

思维理论认为，智能的核心是思维，人的一切智慧或智能都来自大脑的思维活动，人类的一切知识都是人类思维的产物，因而通过对思维规律与方法的研究可以揭示智能的本质。思维理论来源于认知科学，认知科学是研究人们认识客观世界的规律和方法的一门学科。

知识阈值理论认为，智能行为取决于知识的数量和知识的一般化程度，系统的智能来自它运用知识的能力，智能就是在巨大的搜索空间中迅速找到一个满意解的能力。知识阈值理论强调知识对于智能的重要意义和作用，进一步推动了专家系统、知识工程等领域的发展。

进化理论认为，人的本质能力是在动态环境中的行走能力、对外界事物的感知能力、维持生命和繁衍生息的能力，这些本质能力为智能的发展提供了基础，因此智能是某种复杂系统所呈现的性质，是许多部件交互作用的结果。智能仅仅由系统总的行为以及行为与环境的联系所决定，它可以在没有明显的可操作的内部表达的情况下产生，也可以在没有明显的推理系统的情况下产生。进化理论是由美国麻省理工学院（MIT）的布鲁克斯（R.A. Brooks）教授提出的，他是人工智能进化主义学派的代表人物。

综合以上几种观点，可以认识到智能是知识与智力结合的产物，其中知识是智能行为的基础，智力是获取知识并运用知识解决问题的能力。智能是一种综合能力，主要包括以下 4 个方面：

（一）感知能力

感知能力是指人类通过诸如视觉、听觉、触觉、味觉、嗅觉等感知外部世界的能力。感知是人类最基本的生理、心理行为，也是获取外部信息的基本途径。人类通过感知能力获得关于世界的相关信息，然后将其经大脑加工成为知识。感知是智能活动产生的前提和基础。

通常，人类对感知到的外界信息有两种不同的处理方式：一是在紧急或简单情形下，不经大脑思索，直接由低层智能作出反应；二是在非紧急或复杂情形下，通过大脑思维作出反应。

（二）记忆与思维能力

记忆与思维都是人脑的重要功能：记忆能够存储感觉器官感知到的外部信息和思维产生的知识；思维则对记忆存储的信息进行处理，动态地利用已有知识对信息进行分析、计算、比较、判断、推理、联想、决策等，是获取知识、运用知识并最终解决问题的根本途径。

思维可以分为逻辑思维、形象思维和灵感思维等。其中，逻辑思维与形象思维是最基本的两类思维方式，而灵感思维指人在潜意识的激发下获得灵感而"忽然开窍"，也称顿悟思维。神经生理学家发现，逻辑思维与左半脑的活动有关，而形象思维与右半脑的活动有关。

逻辑思维也被称为抽象思维，是根据逻辑规则对信息进行理性处理的思维，反映了人们以抽象、间接、概括的方式认识客观世界的过程。推理、证明、思考等活动都是典型的抽象思维过程。抽象思维具有如下特征：①抽象思维是基于逻辑的思维；②抽象思维过程是串行、线性的过程；③抽象思维容易形式化，可以用符号串表示思维过程；④抽象思维过程严密、可靠，可用于从逻辑上合理预测事物的发展，加深人们对事物的认识。

形象思维以客观现象为思维对象，以感性形象认识为思维材料，以意象为主要思维工具，以指导创造物化形象的实践为主要目的，因此也被称为直感思维。图像识别、视觉信息加工等都需要形象思维。形象思维具有如下特征：①形象思维主要基于直觉或感觉形象思维；②形象思维过程是并行协同式的，表现为非线性的过程；③形象思维难以形式化，对象、场合不同，形象的联系规则也不同，因此没有统一的形象联系规则；④信息变形或缺少时，仍然有可能得到比较满意的结果。

灵感思维是显意识与潜意识相互作用的思维方式，"茅塞顿开""恍然大悟"等都是灵感思维的典型例子。在这样的过程中，除了能明显感觉到的显意识在起作用，还能感觉到的潜意识也发挥了作用。灵感思维具有如下特征：①灵感思维具有不定期的突发性；②灵感思维具有非线性的独创性及模糊性；③灵感思维穿插于形象思维与逻辑思维之中，有突破、创新、升华的作用；④灵感思维过程很复杂，至今无法描述其产生和实现的原理。

（三）学习与自适应能力

学习是人类的本能，这种学习可能是自觉的、有意识的，也可能是不自觉的、无意识的；可能是有教师指导的学习，也可能是通过自身实践的学习。人类通过学习，不断适应环境、积累知识。

（四）表达能力

表达能力是指人们通过语言、表情、眼神或者形体动作对外界刺激作出反应的能力。外界的刺激可以是通过感知直接获得的信息，也可以是通过思维活动得到的信息。

二、现代人工智能的兴起

尽管人工智能的历史背景可以追溯到遥远的过去，但一般认为人工智能这门学科于 1956 年诞生于达特茅斯（Dartmouth）学院。

1946 年，世界上第一台电子计算机 ENIAC 诞生于美国，它最初被军方用于计算弹道表，经过大约 10 年的计算机科学技术的发展，人们逐渐意识到，除了单纯的数字计算外，计算机还可以帮助人们完成更多的事情。1956 年夏季，达特茅斯学院的数学助理教授麦卡锡（J. McCarthy，后为斯坦福大学教授）、哈佛大学的数学与神经学初级研究员明斯基（M.L. Minsky，后为麻省理工学院教授）、IBM 公司信息研究中心负责人罗切斯特（N. Rochester）和贝尔实验室信息部的数学研究员香农（C. E. Shannon，信息论的创始人）邀请 IBM 公司的莫尔（T. More）和塞缪尔（A.L. Samuel）、麻省理工学院的塞尔弗里奇（O. Selfridge）和所罗门诺夫（R. Solomonoff）以及兰德（RAND）公司和卡内基（Carnegie）梅隆大学的纽厄尔（A. Newell）和西蒙（H.A. Simon）等人参加了一次持续 2 个月的夏季学术讨论会，会议的主题涉及自动计算机和如何为计算机编程使其能够使用语言、神经网络、计算规模理论、自我改进、抽象性、随机性与创造性等方面。在这次学术讨论会上，他们第一次正式使用了人工智能这一术语，并开创了人工智能的研究方向，这标志着人工智能作为一门新兴学科正式诞生。

三、人工智能的定义

由于人工智能学科本身相对较短的发展历史以及学科所涉及领域的多样性，人工智能的定义至今仍存在争议，目前还没有一个公认的说法。在人工智能发展的过程中，不同学术流派或具有不同学科背景的人工智能学者对它有不同的理解，提出了一些不同的观点。以下是人工智能领域一些比较有影响力的科学家给出的人工智能的定义。

人工智能之父、达特茅斯会议的倡导者之一、1971年图灵奖的获得者麦卡锡教授认为，人工智能就是要让机器的行为看起来就像是人所表现出的智能行为一样。

人工智能领域的开创者之一、美国斯坦福大学人工智能研究中心的尼尔森（Nils J. Nisson）教授认为，人工智能是关于知识的学科，即怎样表示知识、获取知识和使用知识的科学。

美国人工智能协会前主席、麻省理工学院的温斯顿（P. H. Winston）教授认为，人工智能是研究如何使计算机去做过去只有人才能做的智能工作的学科。

人工智能的先驱、达特茅斯会议的倡导者之一、人工智能学者中首位图灵奖的获得者明斯基认为，人工智能是研究让机器做本需要人的智能才能做到的事情的一门学科。

知识工程的提出者、大型人工智能系统的开拓者、图灵奖的获得者费根鲍姆（E.A. Feigenbaum）认为，人工智能是一个知识信息处理系统。

综合各种不同的观点，可以从"能力"和"学科"两方面理解人工智能。从本质上讲，人工智能是指用人工的方法在机器上实现智能，是一门研究如何构造智能机器或智能系统，使之具备模拟人类智能活动的能力，以延伸人类智能的科学。

四、广义人工智能和狭义人工智能

2001年，中国人工智能学会第九次全国学术会议在北京举行，原中国人工智能学会荣誉理事长涂序彦在题为《广义人工智能》的报告中，提出了广义人工智能（generalized artificial intelligence，GAI）的概念，并给出了广义人工智能的学科体系，他认为人工智能这个学科已经从学派分歧、不同层次、传统的"狭义人工智能"转变为多学派兼容、多层次结合的广义人工智能。广义人工智能的含义如下：①广义人工智能是多学派兼容的，能模拟、延伸与扩展人的智能以及其他动物的智能，既研究机器智能，也开发智能机器；②广义人工智能是多层次结合的，如自推理、自联想、自学习、自寻优、自协调、自规划、自决策、自感知、自识别、自辨识、自诊断、自预测、自聚焦、自融合、自适应、自组织、自整定、自校正、自稳定、自修复、自繁衍、自进化等，不仅研究专家系统、人工神经网络，而且研究模式识别、智能计数器等；③广义人工智能是多智能体协同的，不仅研究个体、单机、集中式人工智能，而且研究群体、网络、多智能体系统（multi-agent system，MAS）、分布式人工智能（distributed artificial intelligence，DAI），从而模拟、延伸与扩展人的群体智能或其他动物的群体智能。

五、图灵测试和中文房间问题

在人工智能的发展史上，学者们针对一些关键问题，曾经有不少激烈的讨论，例如，如何判断一个系统是否具有智能，是否能够制造出真正能推理和解决问题、具有知觉和自我意识的智能机器，等等。下面介绍图灵测试和中文房间问题，并针对这两个问题进行一些有趣的探讨。

（一）图灵测试

如果现在有一台计算机，其运算速度非常快，记忆容量和逻辑单元的数目也超过了人脑，而且这台计算机配备了许多智能化的程序和相应的大量数据使它能做一些人性化的事情，如简单地听或说、回答某些问题等，那么是否能说这台机器具有了思维能力呢？或者说，怎样才能判断一台机器是否具备了思维能力呢？

1950 年，艾伦·麦席森·图灵（A.M. Turing）到曼彻斯特大学任教，同时还担任该大学自动计算机项目的负责人。1950 年的 10 月，他发表了一篇题为《机器能思考吗？》的论文。在这篇论文里，图灵第一次提出"机器思维"的概念，逐条反驳了机器不能思维的论调，还从行为主义的角度对智能问题下了定义，并由此提出一个假想：如果一个人在不接触对方的情况下通过一种特殊的方式和对方进行一系列的问答，并在相当长的时间内无法根据这些问题判断对方是人还是计算机，那么就可以认为这个计算机具有同人相当的智力，即这台计算机是智能的。这就是著名的"图灵测试"。

1. 测试的设置

测试的设置如图 1-1 所示。测试的参与者包含测试人、被测试人和一台声称自己具有人类智力的机器。在测试过程中，被测试人须如实回答问题，并试图说服测试人"自己是人，对方是机器"；而声称自己具有人类智力的机器则努力说服测试人"自己是人，对方才是机器"。

测试过程中，测试人与被测试人是分开的，测试人只能通过一些装置（如键盘）向被测试人随意询问一些问题。问过一些问题后，如果测试人能够正确地分出谁是人、谁是机器，那么机器就没有通过图灵测试；如果测试人不能分出谁是人、谁是机器，那么这台机器就通过了图灵测试，具有了图灵测试意义下的智能。

图 1-1　图灵测试的设置

2. 测试的实例

图灵测试要求测试人不断提出各种问题，从而辨别回答者是人还是机器。图灵还为这项测试亲自拟定了几个示范性例子。

（1）范例一

问：请给我写出一首有关"第四号桥"主题的十四行诗。

答：不要问我这道题，我从来不会写诗。

问：34 957 加 70 764 等于多少？

答：（停 30 秒后）105 721。

问：你会下国际象棋吗？

答：是的。

问：我在 K1 处有棋子 K，而你仅在 K6 处有棋子 K，在 R1 处有棋子 R。现在轮到你走，你应该走哪步棋？

答：（停 15 秒钟后）棋子 R 走到 R8 处，将军！

在这个范例中，测试人大概会认为回答问题的是人。

图灵指出："如果机器在某些现实的条件下能够非常好地模仿人回答问题，以至于测试人在相当长的时间里误认为它不是机器，那么该机器就可以被认为是具有思维的。"从表面上看，使机器回答按一定范围提出的问题可以通过编制特殊的程序来实现，似乎没有什么困难。然而，由于测试人提出问题的任意性，尤其是在不按常规提问的时候，编制完美的程序是极其困难的，如下面的范例。

（2）范例二

问：你会下国际象棋吗？

答：是的。

问：你会下国际象棋吗？

答：是的。

问：请再次回答，你会下国际象棋吗？

答：是的。

在这个范例中，测试人多半会认为，面前的这位被测试人是一台笨机器。但如果通过编制程序，使得提问与回答呈现出下面的状态，那么结论或许会不一样。

（3）范例三

问：你会下国际象棋吗？

答：是的。

问：你会下国际象棋吗？

答：是的，我不是已经说过了吗？

问：请再次回答，你会下国际象棋吗？

答：你烦不烦，干吗老提同样的问题？

在这个范例中，测试人大多会觉得对面的被测试人是活生生的人，而不是机器。

在图灵测试被提出后不久，计算机对话程序（问答系统）的研究有了长足的进步。维森鲍姆（J. Weizenbaum）于1966年在美国麻省理工学院设计的基于"模式匹配"的自然语言系统中的ELIZA就是一个比较有名的计算机对话程序。下面是ELIZA模拟一位心理治疗医师（计算机）

同一位女患者（用户）进行交谈的谈话片段。

P（女患者）：所有男人都一个样。

E（ELIZA）：这从何说起呢？

P：他们总是这样那样地找我们的麻烦。

E：你能举一个例子吗？

P：好吧。你瞧，我的男朋友叫我到这儿来。

E：哦，你的男朋友叫你到这儿来。

P：他总说我看起来精神沮丧。

E：听到你说你精神沮丧，我很同情。

P：说真的，我很不高兴。

E：你认为到这儿来能帮你高兴起来吗？

P：那当然，我需要帮助。

E：如果你得到了帮助，那意味着什么？

P：或许我能学会如何跟妈妈相处。

E：和我讲讲你的家人吧。

……

ELIZA 是根据"罗杰斯心理治疗模式"编写的，许多和 ELIZA 聊过天的人坚信 ELIZA 是一个真实的人，哪怕在程序开发者再三说明后仍然如此。更奇怪的是，他们乐意与 ELIZA 单独聊天，有时一聊就是几个小时。也就是说，ELIZA 作为一个心理治疗医师是相当成功的，它甚至得到了专业医师的好评。然而，ELIZA 并没有通过图灵测试。当然，图灵自己也认为制造一台能通过图灵测试的计算机并不是一件容易的事情，尤其是在测试人有足够心理预期的情况下，他们始终清楚自己是在辨析聊天对象是人还是机器，这和寻求心理治疗的人有很大的不同。

从上面的例子可以看出，为了通过图灵测试，计算机除了要模拟好人类的优点，还要模拟好人类的缺点，即计算机在测试中既不能表现得比人类愚蠢，也不能表现得比人类聪明。在这个过程中，真正让具有强大计算和存储能力的计算机感到困难的是一些常识性问题。即使是那些人类非常轻松就能处理的常识性问题，对于计算机来说也非常困难。

利用计算机难以通过图灵测试的特点，编程时可以逆向使用图灵测试，解决复杂问题。例如，在申请邮箱、进行网站注册时，我们经常会看到在登录界面上除了要输入用户名、密码，还要识别出系统随机产生的一些在复杂背景上的变形文字，这些变形文字就是用于防止恶意软件攻击网络系统的。

（二）中文房间问题

在人工智能的研究过程中，哲学家将有关人工智能的观点分为两类，即弱人工智能和强人工智能。弱人工智能观点只是把计算机看作研究心灵哲学的一个有力的工具，即机器智能只是模拟智能。强人工智能观点则认为搭载适当编程的计算机就可以被认为具有理解能力和其他认知状态，也就是说，搭载适当编程的计算机就是一个心灵，机器确实可以有真正的智能。哲学家们对强人工智能和弱人工智能两种观点进行了激烈的争论，在这个过程中出现了不少巧妙的假想实验，中文房间（Chinese room）问题就是其中著名的一个。

1980 年，美国哲学家约翰·希尔勒（J. Searle）博士提出了名为"中文房间"的假想实验来模拟图灵测试，从而反驳强人工智能观点，这个实验是基于罗杰·施安克的故事理解程序而进行的。

罗杰·施安克的故事理解程序是指：计算机在"阅读"一个用英文写的小故事之后，回答一些和这个故事有关的问题。英文故事如下。

故事一：一个人进入餐馆并订了一份汉堡包。汉堡包端来后，此人发现汉堡包被烘脆了，于是暴怒地离开餐馆，没有付账或留下小费。

故事二：一个人进入餐馆并订了一份汉堡包。汉堡包端来后，此人非常喜欢，而且在付完账离开餐馆之前，给了女服务员很多小费。

作为对故事理解程序的检验，人们可以向计算机询问，在上述每一种情况下此人是否吃了汉堡包。对这类简单的故事和问题，计算机可以给出和任何会讲英文的人无区别的答案（答案只有"是"或"否"两种），即计算机在这种意义上已经通过了图灵测试。这是否意味着计算机或程序本身具有了理解能力呢？希尔勒博士用中文房间问题给出了弱人工智能的结论：某台计算机即使能正确回答问题，通过了图灵测试，它对问题也没有任何理解，因此不具备真正的智能。

希尔勒博士假设：希尔勒博士本人在一个封闭的房间里，该房间有用于输入/输出的缝隙与外部相通，房间内有一本英文指令手册，从中可以找到某个外部输入的信息对应的正确输出。在这个假设下，房间相当于一台计算机，用于输入/输出的缝隙相当于计算机的输入/输出系统。希尔勒博士相当于计算机中的 CPU，房间内的英文指令手册则是 CPU 运行的程序。外部输入房间的信息是中文问题，而房间内的希尔勒博士事先已经声明自己对中文一窍不通，他只是根据英文指令手册找到对应于中文输入的解答，然后把作为答案的中文符号写在纸上，再从缝隙输出房间。考虑到英文指令手册来源于经过检验、能正确回答问题的故事理解程序，希尔勒博士通过手册能处理输入的中文问题并给出正确答案（中文的"是"或"否"），就如同一台计算机通过了图灵测试。他对那些中文问题毫不理解，甚至不理解其中的任何一个词！

希尔勒博士用中文房间问题说明：正如房间中的人不能通过英文指令手册理解中文一样，计算机也不能通过程序获得对中文（自然语言）故事的理解能力。

第二节　人工智能的发展历程

从 1956 年达特茅斯会议上人工智能作为一门新兴学科被正式提出到现在，人工智能走过了一条坎坷曲折的发展道路，也取得了惊人的成就和迅速的发展。人工智能的发展历程包括孕育期、形成期和发展期三个主要阶段。

一、孕育期（1956 年之前）

尽管人工智能的兴起一般被认为开始于 1956 年夏季的达特茅斯会议，但自古以来，人类就一直在尝试用各种机器代替人的部分劳动，以提高征服自然的能力。例如，中国道家的重要典籍《列子》中有"偃师造人"一文，记载了能工巧匠偃师研制歌舞机器人的故事；春秋后期，据《墨经》记载，鲁班曾造过一只木鸟，能在空中飞行"三日不下"；古希腊也有制造机器人帮助人们从事劳动的神话传说。当然，除了文学作品中关于人工智能的记载之外，很多科学家也为人工智能这个学科的诞生付出了艰辛的劳动和不懈的努力。

古希腊著名的哲学家亚里士多德（Aristotle）曾在他的著作《工具论》中提出了一些形式逻辑的主要定律，其中的"三段论"至今仍然是演绎推理的基本依据，亚里士多德本人也因此被称为形式逻辑学的奠基人。

提出"知识就是力量"这一警句的英国哲学家培根（F. Bacon）系统地提出了归纳法，对人工智能转向以知识为中心的研究产生了重要影响。

德国数学家、哲学家莱布尼茨（G.W. Leibniz）在法国物理学家、数学家布莱士·帕斯卡（B. Pascal）所设计的机械加法器的基础上，发展并制成了能进行四则运算的计算器，还提出了万能符号和推理计算的思想，即通过符号体系对对象的特征进行推理，这种思想的产生标志着现代化"思考"机器开始萌芽。

英国逻辑学家布尔（G. Boole）创立了布尔代数，并首次用符号语言描述了思维活动的基本推理法则。

19世纪末期，德国逻辑学家弗雷格（G. Frege）提出用机械推理的符号表示系统，从而发明了人们现在熟知的谓词演算。

1936年，英国数学家图灵提出了一种理想计算机的数学模型，即图灵机，这为后来电子计算机的问世奠定了理论基础。他还在1950年提出了著名的"图灵测试"，给智能的标准提供了明确的定义。

1943年，美国神经生理学家麦卡洛克（W. McCulloch）和数理逻辑学家皮茨（W. Pitts）提出了第一个神经元的数学模型，即M-P模型，开创了神经科学研究的新时代。

1945年，美籍匈牙利数学家冯·诺依曼（J.V. Neumann）提出了以二进制和程序存储控制为核心的通用电子数字计算机体系结构原理，奠定了现代电子计算机体系结构的基础。

1946年，美国数学家莫克利（J.W. Mauchly）和工程师埃克特（J.P. Eckert）制造出了世界上第一台电子数字计算机ENIAC，这项重要的研究成果为人工智能的研究提供了物质基础，对全人类的生活影响至今。

此外，美国著名数学家维纳（N. Wiener）创立的控制论、贝尔实验室主攻信息研究的数学家香农创立的信息论等，都为人工智能这一学科的诞生提供了理论基础。

在这一时期，人工智能的雏形逐步形成，人工智能诞生的客观条件也逐渐具备。因此，这一时期被称为人工智能的孕育期。

二、形成期（1956—1969 年）

达特茅斯会议之后，美国形成了以人工智能为研究目标的几个研究组，它们分别是纽厄尔和西蒙的 Carnegie-RAND 协作组（也称为心理学组）、塞缪尔和格伦特尔（H. Gelernter）的 IBM 公司工程课题研究组以及明斯基和麦卡锡的 MIT 研究组，这 3 个小组在后续的十多年中，分别在定理证明、问题求解、博弈等领域取得了重大突破。人们把这一时期称为人工智能基础技术的研究和形成期。鉴于这一阶段人工智能的飞速发展，也有人称之为人工智能的高潮时期。这一时期，人工智能研究工作主要集中在以下几个方面。

（一）Carnegie-RAND 协作组

1957 年，纽厄尔、肖（J. Shaw）和西蒙等人编制了一个名为逻辑理论机（logic theory machine，LTM）的数学定理证明程序，该程序能模拟人类用数理逻辑证明定理时的思维规律，他们通过该程序证明了怀特黑德（A.N. Whitehead）和罗素（B.A.W. Russel）的经典著作《数学原理》中第 2 章的 38 个定理，后来又在一台较大的计算机上完成了该章全部的 52 条定理的证明。1960 年，他们编制的一般问题解决器（general problem solver，GPS）解决了诸如不定积分、三角函数、代数方程、猴子摘香蕉、汉诺塔、人羊过河等 11 种不同类型的问题。GPS 和 LTM 都是首次在计算机上运行的启发式程序。

此外，Carnegie-RAND 协作组发明的编程的表处理技术和"纽厄尔 - 肖 - 西蒙（NSS）"国际象棋机，纽厄尔关于自适应象棋机的论文以及西蒙关于问题求解、决策过程中合理选择和环境影响的行为理论的论文，这些都是当时信息处理研究方面的巨大成就。后来，他们的学生还做了许多相关的研究工作，如 1959 年，人的口语学习和记忆的初级知觉和记忆程序（elementary perceiving and memorizing，EPAM）模型，成功地模拟了高水平记忆者的学习过程与实际成绩；1963 年，林德赛（R. Lindsay）用 IPL–V 表处理语言设计的自然语言理解程序 SAD–SAM 回答关于亲属关系方面的提问；等等。

（二）IBM 公司工程课题研究组

1956 年，塞缪尔在 IBM 704 计算机上成功研制了一个具有自学习、自组织和自适应能力的西洋跳棋程序，该程序可以像人类棋手那样多看几步后再走棋，可以学习人的下棋经验或自己积累经验，还可以学习棋谱。这个程序在 1959 年战胜了设计者本人，在 1962 年击败了美国一个州的跳棋冠军。他们的工作为发现启发式搜索在智能行为中的基本机制作用做出了贡献。

（三）MIT 研究组

1958 年，麦卡锡进行 Advice Taker 课题的研究，试图使程序能接受劝告而改善自身的性能。Advice Taker 被称为世界上第一个体现知识获取工具思想的系统。1959 年，麦卡锡发明了表处理语言 LISP，该语言成为人工智能程序设计的主要语言，至今仍被广泛采用。1960 年，明斯基撰写论文《走向人工智能的步骤》。这些工作都对人工智能的发展起到了积极的作用。

（四）其他

1965 年，鲁滨逊（J.A. Robinson）提出了归结原理（消解原理），这种与传统演绎推理完全不同的方法成为自动定理证明的主要技术。

1965 年，知识工程的奠基人、美国斯坦福大学的费根鲍姆领导的研究小组成功研制了化学专家系统 DENDRAL，该系统能够根据质谱仪测得的实验数据分析推断出未知化合物的分子结构。DENDRAL 于 1968 年完成并投入使用，其分析能力已经接近于甚至超过了有关化学专家的水平，在美国、英国等国家得到了实际应用。DENDRAL 的出现对人工智能的发展产生了深刻的影响，其意义远远超出系统本身在实际使用中创造的价值。

1957 年，罗森布拉特（F. Rosenblatt）提出了可用于简单的文字、图像和声音识别的感知器（Perceptron），推动了人工神经网络的发展。

1969 年，国际人工智能联合会议（international joint conferenceon artificial intelligence，IJCAI）成立，这是人工智能发展史上的一个重要里程碑，标志着人工智能这门学科已经得到了世界的肯定。

三、发展期（1970—2010 年）

在这一时期，人工智能的发展经历曲折且艰难，曾一度陷入困境，但又很快兴起，知识工程的方法渗透到了人工智能的各个领域，人工智能也从实验室走向实际应用。

（一）困境

1970 年以后，许多国家相继开展了人工智能方面的研究工作，大量成果不断出现，但困难和挫折也随之而来。人们在人工智能的研究中遇到了很多当时难以解决的问题，其发展陷入困境。

塞缪尔研制的下棋程序在和世界冠军对弈时，5 局中败了 4 局，并且很难再有发展。

鲁滨逊提出的归结原理在证明两个连续函数之和仍然是连续函数时，推导了 10 万步依然没有得到结论。

人们曾认为只用一部双向词典和一些语法知识就能实现的机器翻译，结果闹出了笑话。例如，当其把"光阴似箭"的英语句子"Time flies like an arrow"翻译成日语再翻译回英语时，结果成了"苍蝇喜欢箭"；当把"心有余而力不足"的英语句子"The spirit is willing but the flesh is weak"翻译成俄语再翻译回英语时，结果成了"The wine is good but the meat is spoiled"，即"酒是好的，但肉却变质了"。

对于问题求解，旧方法研究的多是结构问题，但在用旧方法解决现实世界中的不良结构问题时，产生了组合爆炸问题。

在神经心理学方面，研究发现人脑的神经元多达 10^{11} ~ 10^{12} 个，因此在当时的技术条件下用机器从结构上模拟人脑根本不可能。明斯基出版的专著《感知机》（*Perceptrons*）指出了备受关注的单层感知器存在严重缺陷，竟然不能解决简单的异或（XOR）问题。人工神经网络的研究陷入低潮。

在这种情况下，本来就备受争议的人工智能更是受到了来自哲学、心理学、神经生理学等多个领域的责难、怀疑和批评，有些国家还削减了人工智能的研究经费，人工智能的发展进入了低潮期。

（二）生机

尽管人工智能研究的先驱们遇到了种种困难，但他们没有退缩和动摇。其中，费根鲍姆在斯坦福大学带领研究团队进行了以知识为中心的人工智能研究，开发了大量杰出的专家系统（expert system，ES）。人工智能从困境中找到新的生机，很快再度兴起，进入了以知识为中心的时期。

在这个时期，不同功能、不同类型的专家系统在多个领域产生了巨大的经济效益和社会效益，鼓舞了大量的学者从事人工智能专家系统的研究。专家系统是一个具有大量专门知识，并能够利用这些知识去解决特定领域中需要由专家才能解决的那些问题的计算机程序。这一时期比较著名的专家系统有 DENDRAL、MYCIN、PROSPECTOR、XCON 等。

DENDRAL 是一个化学质谱分析系统，能根据质谱仪的数据和核磁共振数据，利用专家知识推断出有机化合物的分子结构，其能力相当于一个年轻的博士，它于 1968 年投入使用。

MYCIN 是 1976 年研制成功的用于血液病治疗的专家系统，它能够识别 51 种病菌，正确使用 23 种抗生素，可协助医生诊断、治疗细菌感染性血液病，为患者提供最佳处方，该系统成功地处理了数百例病例。MYCIN 曾经与斯坦福大学医学院的 9 位感染病医生一同参加过一次测试：他们分别对 10 例感染源不明的患者进行诊断并开出处方，然后由 8 位专家对他们的诊断进行评判。在整个测试过程中，MYCIN 和其他 9 位医生互相隔离，评判专家也不知道哪一份答卷是谁做的。专家的评判内容包含两部分：一是所开具的处方是否对症有效，二是开出的处方是否对其他可能的病原体也有效且用药不过量。对于第一个评判内容，MYCIN 与另外 3 位医生开出的处方一致且有效；对于第二个评判内容，MYCIN

的得分超过了9位医生，显示出了较高的医疗水平。

PROSPECTOR 是 1981 年斯坦福大学国际人工智能中心的杜达（R.D. Duda）等人研制的地矿勘探专家系统，它拥有 15 种矿藏知识，能根据岩石标本以及地质勘探数据对矿藏资源进行估计和预测，即能对矿床分布、储藏量、品质、开采价值等进行推断，并能合理制定开采方案，曾经成功找到一个价值超过一亿美元的钼矿床。

XCON 是美国 DEC 公司的专家系统，能根据用户的需求确定计算机的配置，专家做这项工作一般需要 3 个小时，而 XCON 只需要 0.5 分钟，速度提高了 300 多倍。DEC 公司还有一些其他的专家系统，由此产生的净收益每年超过了 4 000 万美元。

这一时期与专家系统同时发展的重要领域还有计算机视觉、机器人、自然语言理解和机器翻译等。1972 年，MIT 的维诺格拉德（T. Winograd）开发了一个在"积木世界"中进行英语对话的自然理解系统 SHRDLU。该系统模拟一个能操纵桌子上一些玩具积木的机器人手臂，用户通过人机对话方式命令机器人摆弄那些积木块，系统则通过屏幕给出回答并显示现场的相应情景。卡内基梅隆大学（CMU）的尔曼（L.D. Erman）等人于 1973 年设计了一个自然语言理解系统 HEARSAY–I，并于 1977 年将其发展为 HEARSAY–II，该系统具有一千多条词汇，能以 60 MIPS 的速度理解连贯的语言，正确率达 85%。这期间，美国开发了商用机械手臂 UNIMATE 和 VERSATRAN，它们成为机械手研究发展的基础。

此外，人工智能研究在知识表示、不确定性推理、人工智能语言和专家系统开发工具等方面也有重大突破。例如，1972 年科迈瑞尔（A. Colmerauer）带领的研究小组在法国马赛大学成功研制了人工智能编程语言 PROLOG；1974 年明斯基提出了框架理论；1975 年肖特里夫（E.H. Shortliffe）提出了确定性理论并用于 MYCIN；1976 年杜达提出了主观贝叶斯方法并应用于 PROSPECTOR。

1977 年，费根鲍姆在第五届国际人工智能联合会上提出了"知识工程"的概念，推动了以知识为基础的智能系统的研究与建造。在知识工程长足发展的同时，一直处于低谷的人工神经网络也逐渐复苏。1982 年，霍普菲尔德（J. Hopfield）提出了一种全互联性人工神经网络，成功解决了 NP 完全的旅行商问题。1986 年，鲁梅尔哈特（D. Rumelhart）等研制出具有误差反向传播（error backpropagation）功能的多层前馈神经网络，即 BP 神经网络，该网络成为后来应用最广泛的人工神经网络之一。

（三）发展

随着专家系统应用的不断深入和计算机技术的飞速发展，专家系统本身存在的应用领域狭窄，缺乏常识性知识，知识获取困难，推理方法单一，没有分布式功能，与现有主流信息技术脱节等问题暴露出来。为解决这些问题，从 20 世纪 80 年代末以来，人们对专家系统的研究又开始尝试走"多技术、多方法综合集成，多学科、多领域综合应用"的道路。大型分布式专家系统、多专家协同式专家系统、广义知识表示、综合知识库、并行推理、多种专家系统开发工具、大型分布式人工智能开发环境和分布式环境下的多 Agent 协同系统逐渐出现。

1986 年之后也称为集成发展时期。计算智能弥补了人工智能在数学理论和计算上的不足，更新和丰富了人工智能理论框架，使人工智能进入了一个新的发展时期。但专家系统、神经网络学习的局限性等问题使人工智能处于低速发展期，这一阶段史称"人工智能的第二个冬天"。

虽然遭遇危机，但人工智能的研究并没有就此走向终结。1987 年，首届国际人工神经网络学术大会在美国圣地亚哥（San Diego）举行，并成立了"国际神经网络协会"（International Neural Network Society, INNS）。1994 年，电气与电子工程师协会（IEEE）在美国召开首届国际计算智能大会，提出了"计算智能"这个学科范畴。

1991 年，MIT 的布鲁克斯教授在国际人工智能联合会议上展示了他研制的新型智能机器人。该机器人拥有 150 多个包括视觉、触觉、听觉在内的传感器，20 多个执行机构和 6 条腿，采用"感知—动作"模式，能通过对外部环境的适应来提高智能。

在这一时期，人工智能学者不仅继续进行人工智能关键技术问题的研究，如常识性知识表示、非单调推理、不确定推理、机器学习、分布式人工智能、智能机器体系结构等基础性研究，以期取得突破性进展，而且研究人工智能的实际应用，如专家系统、自然语言理解、计算机视觉、智能机器人、机器翻译系统，都朝实用化迈进。比较著名的应用系统有美国人工智能公司（AIC）研制的英语人－机接口 Intellect，加拿大蒙特利尔大学与加拿大联邦政府翻译局联合开发的实用性机器翻译系统 TAUM-METEO 等。1997 年 5 月 11 日，深蓝（Deep Blue）成为战胜国际象棋世界冠军卡斯帕罗夫的第一个计算机系统。2005 年，斯坦福大学开发的一台机器人在一条沙漠小径上成功地自动行驶了 131 英里（1 英里 =1.61 千米），赢得了无人驾驶机器人挑战赛（DARPA Grand Challenge）头奖。日本本田技研工业开发多年的人形机器人阿西莫（ASIMO）是目前世界上最先进的机器人之一，它有视觉、听觉、触觉等，能走路、奔跑、上楼梯，可同时与 3 人进行对话，手指动作灵活，甚至可以完成拧开水瓶、握住纸杯、倒水等动作。

四、深度学习和大数据驱动人工智能蓬勃发展期（2011年至今）

随着大数据、云计算、物联网等信息技术的发展，以及深度学习的提出，人工智能在"三算"［算法、算力和算料（数据）］等方面取得了重要突破，直接支撑了图像分类、语音识别、知识问答、人机对弈、无人驾驶等方面的人工智能复杂应用，人工智能进入以深度学习为代表的大数据驱动人工智能发展期。

2006 年，针对 BP 学习算法训练过程中存在的严重梯度扩散现象、局部最优和计算量大等问题，Hinton 等根据生物学的重要发现，发表了一篇名为《深度信念网络的快速学习算法》（"A Fast Learning Algorithm for Deep Belief Nets"）的文章，提出了著名的深度学习方法。该方法逐渐被应用于科学、商业和政府等领域，目前已经在博弈、主题分类、图像识别、人脸识别、机器翻译、语音识别、自动问答、情感分析等领域取得突出的成果。由于在深度学习领域的突出贡献，2018 年的图灵奖被授予了 Yann LeCun、Geoffrey Hinton 和 Yoshua Bengio 三位深度学习先驱。

人工智能可分为专用人工智能和通用人工智能。目前的人工智能主要是面向特定任务的专用人工智能，处理的任务需求明确、应用边界清晰、领域知识丰富，在局部智能水平的单项测试中往往能够超越人类智能。例如，AlphaGo 在围棋比赛中战胜了人类冠军，人工智能程序在大规模图像识别和人脸识别中达到了超越人类的水平，人工智能系统识别医学图片等达到了专业医生水平。相对于专用人工智能技术的发展，通用人工智能刚处于起步阶段。事实上，人的大脑是一个通用的智能系统，可处理视觉、听觉、判断、推理、学习、思考、规划、设计等各类问题。人工智能的发展方向应该是从专用智能迈向通用智能的。

目前，全球产业界充分认识到人工智能技术引领新一轮产业变革的重大意义，把人工智能技术作为许多高技术产品的引擎，同时，大量的人工智能应用促进了人工智能理论的深入研究。但是，从长远来看，人工智能仍处于学科发展的早期阶段，其理论、方法和技术都不太成熟，人们对它的认识也比较肤浅，因此有待人们长期探索。

第三节 人工智能的研究学派

一、符号主义

符号主义（symbolism）又称逻辑主义（logicism）、心理学派（psychologism）或计算机学派（computerism），其理论主要包括物理符号系统（即符号操作系统）假设和有限合理性原理。

符号主义认为可以从模拟人脑功能的角度来实现人工智能，代表人物是纽厄尔、西蒙等。符号主义认为人的认知基元是符号，而且认知过程就是符号操作过程，智能行为是符号操作的结果。该学派认为人是一个物理符号系统，计算机也是一个物理符号系统，因此，存在可能用计算机来模拟人的智能行为，即用计算机通过符号来模拟人的认知过程。

二、联结主义

联结主义（connectionism）又称为仿生学派（bionicsism）或生理学派（physiologism），其理论主要包括神经网络及神经网络间的连接机制和学习算法。

联结主义主要进行结构模拟，代表人物是麦卡洛克等。联结主义认为人的思维基元是神经元，而不是符号处理过程，认为大脑是智能活动的物质基础，要揭示人类的智能奥秘，就必须弄清大脑的结构，弄清大脑信息处理过程的机理，并提出了联结主义的大脑工作模式，用于取代符号操作的电脑工作模式。

英国《自然杂志》的主编坎贝尔博士认为，目前信息技术和生命科学有交叉融合的趋势，如 AI 的研究就需要从生命科学的角度揭开大脑思维的机理，需要利用信息技术模拟实现这种机理。

三、行为主义

行为主义（actionism）又称进化主义（evolutionism）或控制论学派（cyberneticsism），其理论主要包括控制论及感知 – 动作型控制系统。行为主义主要进行行为模拟，代表人物为布鲁克斯等。行为主义认为智能行为只能在现实世界中与周围环境交互作用而表现出来，因此用符号主义和联结主义来模拟智能显得有些与事实不相吻合。这种方法通过模拟人在控制过程中的智能活动和行为特性，如自寻优、自适应、自学习、自组织等，来研究和实现人工智能。

第二章　人工智能开发技术

第一节　人工智能开发语言

一、常用的人工智能开发语言

随着人工智能融入人类生活，人工智能语言也引起了人们的广泛关注，那么常用的人工智能开发语言有哪些呢？比如，Python 是近年来数据科学和算法领域最流行的语言。主要原因是它的使用门槛低，启动容易，工具生态系统完整，各种平台都很好地支持。C++ 和 Java 也是 AI 项目的一个很好的选择，专注于提供 AI 项目上所需的高级功能。

（一）Python

Python 是荷兰人吉多·范·罗苏姆（Guido van Rossum）在 1989 年圣诞节期间为了打发圣诞节的无趣而编写的一个脚本解释程序，它是 ABC 语言的一种继承。IEEE 发布的 2017 年编程语言排行榜显示，Python 高居首位，已经成为全球程序员和一些公司最喜爱的编程语言，而 C 语言和 Java 分别位居第二位和第三位。近年来，Python 异常火爆，被广泛应用于各个领域，尤其是在 Web 和 Internet 开发、科学计算和统计、人工智能、机器学习、数据分析等领域的表现更为突出。

1.Python 的特点

Python 是一种解释型的脚本语言，解释型是指 Python 代码是通过 Python 解释器来将源代码"解释"为计算机硬件能够执行的芯片语言，但是由于 Python 直接运行源程序，所以对源代码加密有着一定的难度。Python 具有以下特点：

①开源。由于吉多·范·罗苏姆认为 ABC 语言的失败是其不开源导致

的，所以他在开发 Python 语言时就贯彻了开源的思想。开源性为 Python
带来了许多人才，这些人才为 Python 的测试和改进做出了巨大的贡献，
同时也让 Python 的社区更有活力，让适用于各种应用的程序库也越来越
丰富。

②可移植性。在研发 Python 的标准库及模块时，吉多的团队也尽可
能地考虑到了跨平台的可移植性。Python 程序可以将源代码自动解释成
可移植的字节码，这种字节码在已经安装了兼容版本的 Python 平台上的
运行结果是一样的，所以 Python 程序的核心语言和标准库可以在 Linux、
Windows 及其他带有 Python 解释器的平台上无差别地运行。

③面向对象。Python 的面向对象的特点使其具有易维护、质量高、
效率高、易扩展的优点，这使 Python 的开发效率大幅提高，但是同时也
带来了程序处理效率低的缺点。

④可扩展性。Python 的可扩展性体现在它的模块上，Python 具有脚
本语言中最强大且和谐丰富的类库。当需要一段关键的代码运行效率更
高时，可以使用其他语言来编写，然后在 Python 程序中使用它们。这些
类库包含了文件 I/O、GUI、网络编程、数据库访问、文本操作等绝大部
分应用场景。

⑤类库庞大。类库是 Python 提供给用户的用于完成一种功能的代码
集合。Python 提供了强大的标准库，而且基于 Python 的良好的开源社
区，Python 也有非常丰富且优秀的第三方类库。

⑥可读性强。Python 作为一款相对简单的语言，它的编程思维几乎
与现实生活中的思维习惯相同，尽管它是用 C 语言编写的，但它摒弃了
C 语言中复杂烦琐的语法，使得新手或是不懂程序的人也能对代码进行
简单的阅读。

2.Python 的应用领域

目前，Python 已经全面普及，可以应用于众多领域，例如网络服
务、图像处理、数据分析、组件集成、数值计算和科学计算等。目前业
内所有大中型互联网企业都在使用 Python，如 YouTube、Dropbox、BT、
Quora、豆瓣、知乎、Google、Yahoo、Facebook、NASA、百度、腾讯、
汽车之家、美团等。互联网公司广泛使用 Python 实现以下功能：自动化

运维、自动化测试、大数据分析、爬虫、Web 等。Python 的就业方向可以是 Web 开发、人工智能、爬虫、数据分析及运维和测试等。

（二）C++

C++ 从最初的 C with Class，经历了从 C++98、C++03、C++11、C++14、C++17、C++20 到 C++23 的多次标准化改造，功能得到了极大的丰富，已经演变为一门集面向过程、面向对象、函数式、泛型和元编程等多种编程范式的复杂编程语言。

1.C++ 的特点

C++ 是 C 语言的传承，C++ 既可以进行 C 语言的过程化编程，又可以用于以抽象数据类型为特点的基于对象的程序设计，同时还可以用于以继承和多态为特点的面向对象的程序设计。C++ 具有以下特点：

①运行速度快。由于 C++ 是 C 语言的扩展版本，因此它的 C 语言部分非常底层，这极大地提高了程序的运行速度，这是 Python 和 Java 等高级语言无法提供的。

②静态类型。由于 C++ 是一种静态类型的编程语言，因此它不允许编译器对数据类型进行假设。例如，10 与"10"不同，必须明确声明。由于这些是在编译时确定的，因此有助于编译器在程序执行之前捕获错误。

③多范式编程语言。C++ 支持至少 7 种不同的编程风格，并为开发人员提供了选择的自由。与 Java 不同，除非必要，否则不需要使用对象来解决所有任务。

④面向对象。C++ 支持面向对象的程序设计，为程序提供了清晰的模块化结构，将这些复杂的问题分成较小的集合。

⑤标准库。可以使用 C++ 包含的标准库来进一步扩展其功能。这些库包含有效的算法，在编写自己的项目时，可以很方便地使用这些算法。这样可以减少大量的编程工作，否则会浪费大量的时间。

2.C++ 的应用领域

C++ 涉及的领域很多，从大型的项目工程到小型的应用程序，C++ 都可以开发，如操作系统、大部分游戏、图形图像处理、科学计算、嵌入式系统、驱动程序、没有界面或只有简单界面的服务程序、军工、工业实时监控软件系统、虚拟机、高端服务器程序、语音识别处理等。可以说，掌握了 C++，就掌握了整个软件工业的开发技能。

C++ 的优点吸引了很多程序将其作为开发的语言，用 C++ 开发的优秀作品数不胜数。下面列出一些著名的用 C++ 编写的软件产品。

①办公应用，Microsoft 公司的 Office 系列软件。

②图像处理，Adobe 公司的主要应用程序都是使用 C++ 开发而成的，图像处理利器 Photoshop 就是其中之一。

③网络应用，如百度网站的 Web 搜索引擎。

④网络即时通信，如目前国内广泛使用的聊天软件之一 —— QQ。

⑤手机操作系统，之前在智能手机中应用最广泛的 Symbian 操作系统也是用 C++ 编写的。

⑥游戏开发方面，由于 C++ 在工程性、运行效率及维护性上都有很大优势，所以大部分网络游戏和单机游戏都是用 C++ 编写的。单机版的游戏，如 Windows 自带的游戏，都是采用 C++ 编写的。

C++ 的相关就业方向可以是客户端开发、服务器端开发、游戏领域、嵌入式平台开发、测试开发等。

（三）Java

面向对象的 Java 具备"一次编程，处处使用"的能力，Java 是服务提供商和系统集成商用于多种操作系统和硬件平台的首选编程语言。Java 作为软件开发的一种革命性的技术，其地位已被确立。如今，Java 技术已被列为当今世界信息技术的主流开发语言之一。

1.Java 的特点

Java 是一种多线程的动态语言，具有简单性、面向对象、分布式、安全性、可移植性、多线程等多种特性。

①简单性。Java 摒弃了一些烦琐的操作，如指针和内存管理、使用 IP 协议的 API，使得 Java 在引用应用程序时可以凭借 URL 访问网络上的对象。

②面向对象。面向对象编程是 Java 的核心，Java 对对象中的类、对象、继承、封装、多态、接口、包等均有很好的支持，同时也得到了面

向对象的诸多好处，如代码扩展、代码复用等。

③分布式。Java 的网络非常强大，而且使用起来十分方便。Java 提供了支持 HTTP 和 FTP 等基于 TCP 的 Servlet 技术，使 Web 服务器的 Java 处理变得非常简单和高效。

④安全性。由于 Java 摒弃了指针和内存管理操作，因此避免了指针和释放内存等非法内存操作。另外，Java 在机器上执行前，会经过多次测试，以防止恶意代码对本地计算机资源的访问。

⑤可移植性。具备了 Java 解释器和运行环境的计算机系统就可以运行 Java 应用程序，这使得 Java 应用程序有了方便移植的基础。只要系统中有 Java 的运行环境，就可以在该系统上运行 Java 代码。现在 Java 运行系统有 Solaris、Linux、Windows 等。

⑥多线程。Java 提供的多线程功能使得在一个程序中可以同时执行多个小任务。多线程带来的更大好处是更好的交互性能和实时控制性能。

2.Java 的应用领域

Java 开发人员负责使用编程语言 Java 开发应用程序和软件。Java 开发人员是一种专门类型的程序员，他们可以与 Web 开发人员及软件工程师合作，将 Java 集成到商业应用程序、软件和网站中。对于 Java 的应用领域，最有名的例子就是电子商务交易平台阿里巴巴、淘宝、京东等；移动、联通、电信、网通、银行、证券公司、互联网金融等主要的信息化系统；大型企业管理系统，如 CRM 系统、ERP 系统等。此外，电子政务方面、游戏开发、无线手持设备、通信终端、医疗设备、信息家电（如数字电视、机顶盒、电冰箱）、汽车电子设备等，也是比较热门的 Java 应用领域；最主流的大数据框架 Hadoop 的应用主要使用 Java 开发，目前很多的大数据架构都是通过 Java 来完成的。

目前主流的 Java 就业方向有大数据、服务器开发、网站开发、游戏开发、嵌入式开发、软件开发等。

二、Python 语言类库

Python 拥有非常完善的基础代码库和大量丰富的第三方库，可以很方便地实现各种功能。截至本书编写时，Python 的第三方库的数量已经超过 9 万个，这些第三方库也是 Python 语言在短时间内崛起的一个很重要的因素。

这些库中有着数量庞大的模块和包可供使用。模块（module）本质上是一个 Python 文件，以 .py 结尾，实现一定的功能；而包（package）是一个由模块和子包组成的 Python 应用程序执行环境，其本质是一个有层次的文件目录结构。本书从使用角度出发，不区分模块和包，统称为模块。

（一）选择及安装模块

要想充分利用好 Python 的丰富库资源，首先就得知道解决某个问题需要用到什么模块，以及如何将指定模块导入到当前程序中。比如要实现人脸识别功能，就可以使用 OpenCV 这个第三方库。Python 的资源库分为基础库、标准库和扩展库（第三方库）。基础库可以直接使用，标准库需要导入后使用，而扩展库必须先安装再导入，然后使用。也就是说，对于选定的模块，如果是第三方库，那么就必须先安装。这里以 Python 的集成开发环境 PyCharm 为例来介绍安装方式。

PyCharm 是一款功能强大的 Python 编辑器，具有跨平台性，可以到官网 https://www.jetbrains.com/pycharm/download/#section=windows 选择适合自己的社区版进行下载安装。

安装过程比较简单，本书不过多讲解。

打开 PyCharm，选择"文件"→"新建项目"→"Pure Python"项目，设置好项目所在地址，如图 2-1 所示。

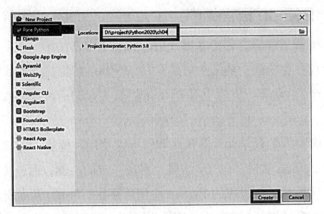

图 2-1　新建一个 Python 项目

　　打开 PyCharm 的"文件"→"设置"，单击"Project Interpreter"右侧的加号，在弹出框中搜索要安装的扩展库名称，如"openev"，找到对应的包，单击"Install Package"按钮进行安装，这里选择安装"openev_python"模块，如图 2-2 所示。

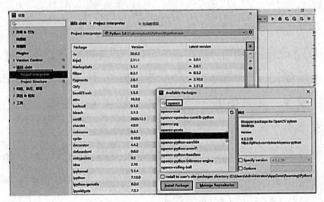

图 2-2　模块安装

（二）导入模块

　　Python 的标准库和第三方库都需要先导入，然后才能使用。Python利用 import 或者 from-import 来导入相应的模块，必须要在模块使用之前进行导入。因此，一般来说，导入总是放在文件的顶部，尽量按照这样的顺序：Python 标准库、Python 第三方库、自定义模块。import 的三种语法结构如下所示。

1. 导入一个模块的语法

import 模块名

2. 导入模块中的指定元素的语法，其中新名称通常是简称

from 模块名 import 指定元素 [as 新名称]

3. 导入模块中的全部元素的语法

from 模块名 import*

比如，语句 import turtle 就是导入 turtle 库。只有在当前程序中导入了指定模块后，才能正常使用该模块中包含的各种功能，具体形式如下：模块名 . 函数名 ()。比如，画笔逆时针旋转 144° 的写法如下：turtle.left(144)。

三、Python 计算机视觉库

OpenCV 是 Intel 开源计算机视觉库（Computer Version），可以运行在 Linux、Windows、Android 和 MacOS 操作系统上。它由一系列 C 函数和少量 C++ 类构成，同时提供了 Python、Ruby、MatLab 等语言的接口，实现了图像处理和计算机视觉方面的很多通用算法。可以用 OpenCV 训练自己的分类器来识别任何物体。下面以人脸识别为例来介绍 OpenCV 的基本使用。

（一）OpenCV 基本使用

1. 图片读取与显示

读取图片是 OpenCV 最基本的操作之一，OpenCV 中通过 imread() 函数来读取图片路径，再使用 imshow() 函数将图片显示出来，具体代码结构如下：

```
import cv2
# 导入 OpenCV 的 cv2 模块
img=cv2.imread(filename,flag)
cv2.imshow（"窗口名称"，img)
```

其中，filename 是需要读取的图像路径和名称；flag 是可选参数，是指以何种方式加载、读取图片，具体使用方法见表 2-1。

表 2-1　flag 取值表

flag	说明
ev.IMREAD_COLOR	读取一幅彩色图片，图片的透明度会被忽略，默认为该值，实际取值为 1
ev.IMREAD_GRAYSCALE	以灰度模式读取一张图片，实际取值为 0
ev.IMREAD_UNCHANGED	加载一幅彩色图像，透明度不会被忽略，实际取值为 −1

例如，读取并显示"imgs"路径下的名为"face.exam0.jpg"的图片并显示的代码如下：

img=cv2.imread（"imgs/face.exam0.jpg"）

cv2.imshow（"faces"，img)

2. 绘制图像

在进行人脸检测的时候，一般会使用矩形框或者圆形框将检测到的人脸框出来，这时就需要使用 OpenCV 提供的图形函数 rectangle() 方法。ev2.rectangle() 方法用于在任何图像上绘制矩形。

用法：

cv2.rectangle(image,start_point,end_point,color,thickness)

参数含义见表 2-2。

表 2-2　rectangle 参数

参数	说明
image	要在其上绘制矩形
start_point	矩形的起始坐标，坐标表示为两个值的元组，即 (X 坐标值，Y 坐标值)
end_point	矩形的结束坐标，坐标表示为两个值的元组，即 (X 坐标值，Y 坐标值)
color	要绘制的矩形的边界线的颜色。对于 BGR，通过一个元组表示，例如 (0,255,0)，为绿色
thickness	矩形边框线的粗细像素

例如，在图片"face_exam0.jpg"上画矩形框的代码如下：

img=cv2.imread（'imgs/face_exam0.jpg'）

cv2.rectangle(img,(500,50), (800,200),(0,255,0),2)

cv2.imshow（"faces"，img)

cv2.waitKey(0)

（二）人脸检测

人脸检测（Face Detection）是自动人脸识别系统中的一个关键环节，即对于任意一幅给定图像，返回图像中的所有人脸位置、大小和姿态。人脸检测的目标是找出所有人脸对应的位置，算法的输出是人脸外接矩形在图像中的坐标，可能还包括姿态等信息，虽然人脸的结构是确定的，但是人脸检测仍是一个复杂的、具有挑战性的问题，人脸内在的变化以及外在条件的变化，都为准确地检测处于各种条件下的人脸造成很大的难度。所以，在人脸检测算法中主要需要解决以下几个核心问题：①人脸部的一些细节变化；②人脸可能出现在图像中的任何一个位置；③人脸可能有不同的大小；④由于成像角度的不同而造成人脸的多姿态；⑤人脸可能部分被眼镜、头发及其他外物遮挡。

OpenCV 提供了多种人体器官检测的级联分类器，通过不同的分类器实现对多种人体器官的检测。通过 https://gibub.com/openev/opencv/ree/master/data/haarcascades 链接可下载所需分类器。其中，OpenCV 级联分类器 haarcascade_fotalface_default.xml 是 OpenCV 安装后自带的分类器中的一种，用于进行人脸检测，为开发者屏蔽了人脸检测中的各种复杂问题，极大地降低了开发工作量。

通过级联分类器可以实现对人脸多个器官的检测，包括鼻子、眼睛等器官。首先需要通过 OpenCV 内置的 CascadeClassifier() 函数加载人脸级联分类器（分类器的地址要根据实际存放分类器的地址进行更改，这里的分类器被存放在当前路径下，所以地址为 "/haarcascade_frontalace_default.xml"），代码如下：

```
classsifier=cv2.CascadeClassifier（"./haarcascade_frontalface_default.xml"）
```

加载完成，即实例化了一个人脸分类器对象 casfer，接下来就可以利用 casfer 对象获取视频中或者图片里的人脸，这里使用它的 detectMultiScale() 方法来进行人脸的检测，代码如下：

```
faces=classfier.detectMultiScale(image,objects,scaleFactor-1.1,min-Neighbors=3,flags=0,minSize=Size(),maxSize=Size())
```

具体参数见表 2-3。

表 2-3　人脸检测参数

参数	说明
image	待检测的图像
object	检测到的人脸目标序列，一般可不写
scaleFiucur	表示每次检测到的人脸目标缩小的比例，默认为 1.1
minNeighbors	表示检测过程中目标必须被检测 3 次才能被确定为人脸（分类器中有个窗口对全局图片进行扫描，即扫描过程中，窗口中出现了 3 次人脸才可以确定该目标为人脸），默认为 3
flag	默认为 0，一般可不写
minSize	表示可截取的最小目标大小
maxSize	表示可截取的最大目标大小

人脸检测返回的结果是一个由检测到的所有的人脸组成的数组，数组的每个元素代表一个人脸在图像中所处的位置，该位置信息由 4 个元素组成，即起始点的 X 坐标值、起始点的 Y 坐标值、宽度、高度。图 2-3 所示的检测结果表示检测到 7 个人脸，其中检测到的第一个人脸的像素位置在（766，221），宽为 60 像素，高也为 60 像素。

```
[[766 221  60  60]
 [400 224  74  74]
 [627 213  84  84]
 [183 197  84  84]
 [636 611  28  28]
 [485 172  99  99]
 [347 203  59  59]]
```

图 2-3　检测到的人脸的位置信息

计算机视觉技术尤其是人脸识别在人工智能中随处可见，那么如何使用 OpenCV 技术实现人脸识别检测呢？

首先新建一个 Python 文件，右击项目文件夹，选择"新建"→"PythonFile"，如图 2-4 所示。给 Python 文件取个名字，如 FaceDemo.py。

图 2-4　新建 Python 文件

接下来，在打开的 Python 文件中编写人脸失败代码。

第一步：导入 OpenCV 库。

import cv2 #opencv 库

第二步：读取图片。

image=cv2.imread（'imgs/face_exam0.jpg'）

第三步：加载人脸模型库。

加载人脸模型库

face_model=cv2.Cascade Classifier（'plugins/opencv/haarcascade_frontalcatface.xml'）

第四步：进行人脸检测。

faces=face_model.detectMultiScale(image)

第五步：标记人脸。

for(x,y,w,h)in faces:

#1. 原始图片；2. 坐标点；3. 矩形宽高；4. 颜色值（RGB）；5. 线框

cv2.rectangle (image,(x,y),(x+w,y+h),(0,255,0),2)

第六步：显示图片窗口。

cv2.imshow（'faces'，image)

第七步：窗口暂停并销毁。

窗口暂停（否则，图片窗口会闪退）

cv2.waitKey(0)

销毁窗口

cv2.destroyAllWindows ()

第八步：单击"运行"+"运行'FaceDemo'"或者使用快捷键 Shift+F10 运行代码。

第二节　人工智能常用工具

一、TensorFlow

（一）什么是 TensorFlow

TensorFlow 是深度学习的重要框架，采用将数据流图用于数值计算的开源软件库，是谷歌基于 DistBelief 进行研发的第二代人工智能学习系统，其命名来源于本身的运行原理。

Tensor（张量）意味着 N 维数组，Flow（流）意味着基于数据流图的计算，主要应用于深度神经网络和机器学习方面的研究，类似于 Java 开发中的 SSH 三大框架、PHP 中的 ThinkPHP 框架、Python 中的 Tornado 框架等。框架的功能是能够在开发中实现高效、省时等，从而节省开发成本和使呈现出的模型简单易懂。

（二）TensorFlow 的特点

TensorFlow 框架可以应用在人工智能的各个领域，具有灵活、便捷等特点，是研究和生产产品的桥梁，它可以自动进行微分运算，语言灵活，可以性能最大化。

1. 灵活

它不仅可以用来做神经网络算法研究，也可以用来做普通的机器学习算法，只要能够把计算表示成数据流图，都可以使用 TensorFlow。

2. 便捷

这个工具可以部署在个人 PC、单 CPU、多 CPU、单 GPU、多 GPU、单机多 GPU、多机多 CPU、多机多 GPU、Android 手机上等，几乎涵盖各种场景的计算设备。

3. 研究和产品的桥梁

在谷歌，研究科学家可以用 TensorFlow 研究新的算法，产品团队可以用它来训练实际的产品模型，更重要的是，这样就能更容易地将研究成果转化成实际产品。另外，谷歌在白皮书上说道，几乎所有的产品都用到了 TensorFlow，比如搜索排序、语音识别、谷歌相册、自然语言处理等。

4. 自动进行微分运算

机器学习中的很多算法都用到了梯度，使用 TensorFlow，它将自动帮你求出梯度，只要定义好目标函数、增加数据即可。

5. 语言灵活

TensorFlow 是用 C++ 语言实现的，然后用 Python 封装，现在还支持 Java。谷歌号召社区通过 SWIG 开发更多的语言接口来支持 TensorFlow。

6. 性能最大化

通过对线程、队列和异步计算的支持(fist-class support)，TensorFlow 可以运行在各种硬件上，同时，根据计算的需要，合理地将运算分配到相应的设备，比如卷积就分配到 GPU 上。

（三）TensorFlow 的应用

在谷歌内部，TensorFlow 已经得到了广泛的应用，谷歌使用 TensorFlow 为谷歌搜索、Gmail 和谷歌翻译等产品中的机器学习实现提供支持，以协助研究人员实现新的突破。AlphaGo 背后应用的就是 TensorFlow 框架。

1. 智能割接助手

中国移动使用 TensorFlow 打造了一种人工智能应用——智能割接助手，如图 2-5 所示。智能割接助手借助谷歌深度学习框架 TensorFlow 创新性地破解了一线运维人员的网络运维难题，它可以自动预测切换时间范围、验证操作日志和检测网络是否存在异常，努力为一线运维人员减负，帮助一线运维工程师更高效地进行网络运维。智能割接助手项目已经成功地为世界上规模最大的迁移项目提供支持，涉及数亿个 IoT HSS 号码。

图 2-5　中国移动智能割接助手

2. 可口可乐移动购买凭证识别

可口可乐通过 TensorFlow 实现移动购买凭证识别，如图 2-6 所示，这是可口可乐公司为其会员回馈活动找到的解决方案，实现流畅的购买凭证识别功能。在这之前，用户需要在 MyCokeRewards.com 上手动输入可口可乐产品编码来参加推广活动。这个产品编码识别平台已经为十多个促销活动提供帮助，并生成了超过 18 万个扫描代码，它现在已成为可口可乐北美地区所有网络促销活动的核心组件。

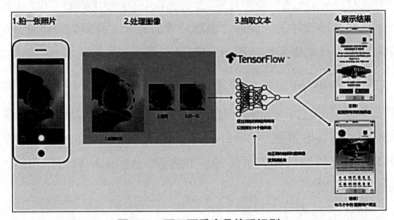

图 2-6　可口可乐产品编码识别

二、PyTorch

（一）什么是 PyTorch

Facebook 的 PyTorch 和谷歌的 TensorFlow 一样，也是一款深度学习框架。PyTorch 派生自 Torch，Torch 使用了一种不是很大众的语言——

Lua作为接口。PyTorch基于Torch做了些底层修改、优化并且支持Python语言调用，使用Python重新写了很多内容。PyTorch既可以看作加入了GPU支持的NumPy，同时也可以看成一个拥有自动求导功能的强大的深度神经网络，是当下最流行的动态图框架，支持动态神经网络。

PyTorch是基于以下两个目的而打造的Python科学计算框架：①无缝替换NumPy，并且通过利用GPU的算力来实现神经网络的加速；②通过自动微分机制来让神经网络的实现变得更加容易。其核心优势是动态计算图。Google发布的TensorFlow2.x版本中的Eager Execution被认为是在动态计算图模式上追赶PyTorch的举措。

（二）PyTorch的应用

PyTorch从2017年发布到2021年以来，发展势头迅猛，短短几年时间，就从无人知晓到与TensorFlow齐名，加上FastAI的支持，PyTorch得到了越来越多的机器学习开发者的青睐。尤其是在学术界，越来越多的论文和新技术基于PyTorch开发。截至2021年，从学术界发表论文的占比来看，PyTorch的使用已经超过60%，这说明了它在学术界的影响力。在企业应用上，除了Facebook外，它也已经被Twitter.CMU和Salesforce等机构采用。

在工业生产领域，PyTorch的应用与TensorFlow相比还存在着差距。原因是PyTorch出现较晚，工业场景比研究领域相对滞后，并且已用TensorFlow实现的工业场景要替换为PyTorch也并不是一件容易的事情。随着学术界的成果产出及前沿技术的应用，在工业界使用PyTorch也可能成为一种趋势。

（三）PyTorch的优缺点

PyTorch的使用灵活、容易、快速的特点让深度学习的开发不再让人望而生畏。PyTorch的优点包括如下几个方面：①简洁。更少的抽象、更直观的设计，使得PyTorch的源码十分易于阅读；基于动态图机制，更灵活和高效。②上手快。掌握NumPy和基本深度学习概念即可上手。PyTorch的设计最符合人们的思维，它让用户尽可能地专注于实现自己的想法，即所思即所得，不需要考虑太多关于框架本身的束缚。③易于调试。调试 PyTorch 就像调试 Python 代码一样简单，十分灵活、透明。④文档规范。官网上提供了各个版本、各种语言的完整文档，以及循序渐进的指南。⑤活跃的社区。PyTorch 作者亲自维护的论坛供用户交流和求教问题。PyTorch 也有一些缺点，相比于研究实验，PyTorch 在工业界的应用中存在很多限制性因素。比如，企业无法承担高昂的 Python 运行开销；无法在移动二进制中嵌入 Python 解释器；无法提供一个全面服务的功能，如不停机更新模型、无缝切换模型、在预测时间上进行批处理等。

三、Keras

（一）什么是 Keras

Keras 是一个用 Python 编写的开源人工神经网络库，可以作为 TensorFlow、Microsoft–CNTK 和 Theano 的高阶应用程序接口，进行深度学习模型的设计、调试、评估、应用和可视化。换句话说，Keras 是一个高层神经网络 API，是以 TensorFlow、Theano 及 CNTK 为计算后台的深度学习建模工具。

Keras 已经成为 TensorFlow 的官方前端，Keras 也优先支持 TensorFlow。作为 Keras 用户，在将来的项目中要使用 Tensor–Flow2.0 和 tf.keras。

（二）Keras 的设计原则

Keras 之所以好用，是因为从设计之初，它就把用户体验放在首要和中心位置，其设计的指导原则如下：①用户友好。Keras 是为人类而不是为机器设计的 API，它把用户体验放在首要和中心位置。Keras 遵循减少认知困难的最佳实践，它提供一致且简单的 API，将常见用例所需的用户操作数量降至最低，并且在用户错误时提供清晰和可操作的反馈。②模块化。模型被理解为由独立的、完全可配置的模块构成的序列或图。这些模块以尽可能少的限制组装在一起（就像搭积木一样）。特别是神经网络层、损失函数、优化器、初始化方法、激活函数、正则化方法，它们都是可以结合起来构建新模型的模块。③易扩展性。新模块是很容易添加的（作为新的类和函数），现有的模块已经提供了充足的示例。由于能够轻松地创建可以提高表现力的新模块，Keras 更加适合高级研究。④基于 Python 实现。Keras 没有特定格式的单独配置文件。模型定义在 Python 代码中，这些代码紧凑，易于调试，并且易于扩展。

（三）Keras 的优缺点

Keras 是一个高层神经网络 API，支持快速实验，能够把你的想法迅速转换为结果，其优势表现在以下几个方面：①高度封装，简单、易用。Keras 优先考虑开发人员的经验，这使 Keras 易于学习和使用。②应用广泛。作为 TensorFlow 的官方前端，已被工业界和学术界广泛采用。③扩展性好。Keras 可以轻松地将模型转化为产品，Keras 模型可以在更广泛的平台上轻松部署。④文档齐全，并且文档内容组织得很好，从简单到复杂，一步步指引。

当然，高度封装是优点也是缺点。既然是"封装"，那么许多内部的底层的东西就不会暴露出来，从另一个角度来看，就是可操控性降低了，因此 Keras 在灵活性上不如 PyTorch。Keras 的另一个缺点是不能有效地用作独立的框架。Keras 作为一个前端，需要其他深度学习框架提供后端支撑，如 TensorFlow。

四、PaddlePaddle

（一）什么是 PaddlePaddle

PaddlePaddle，中文名"飞桨"，是百度自主研发的集深度学习核心框架、工具组件和服务平台为一体的技术领先、功能完备的开源深度学习平台，有全面的官方支持的工业级应用模型，涵盖自然语言处理、计算机视觉、推荐引擎等多个领域，并开放多个预训练中文模型。它是中国首个自主研发、功能完备、开源开放的产业级深度学习平台。

PaddlePaddle 不仅包含深度学习框架，还提供了一整套紧密关联、灵活组合的完整工具组件和服务平台，有利于深度学习技术的应用落地。

PaddlePaddle 提供 70 多个官方模型，全部经过真实应用场景的有效验证。基于百度多年中文业务实践，提供更懂中文的 NLP 模型；同时，开源多个百度独有的优势业务模型及国际竞赛冠军算法。

（二）PaddlePaddle 的应用

1.PaddleClas 助力医疗

PPDE（飞桨开发者技术专家）韩霖使用 PaddleClas 图像分类套件对新冠肺炎病毒感染者、其他病毒性肺炎感染者和正常人三个类别的 CT 扫描进行了分类，最终在测试集图像上达到了 97% 的准确率，可为临床提供辅助参考。

2.PaddlePaddle 助力能源电力

广东电科院能源技术公司利用 PaddlePaddle 深度学习平台为自主研发的变电站智能巡检机器人提供视觉赋能，实现对变电设备的准确检测与分析，让原有单次 6 小时的人工现场巡视由机器人替代，极大地降低了运维成本，提高了巡视工作的智能化水平。

3.PaddlePaddle 助力目标检测

PPDE 梁瑛平在 PaddleDetection 提供的 YOLO v3 预训练模型的基础上进行二次开发，实现车辆检测，并使用 X2Paddle 将 PyTorch 模型进行转换，实现车辆颜色、类型和朝向的识别，实现简单的交通违章逆行车辆的检测。经测试，它可以准确检测道路车辆情况，检测速度在显卡配置为 GeForce GTX 1050Ti 下为 11.4 帧 / 秒。

第三节　人工智能开发平台

人工智能浪潮的兴起，带来了更多场景的需求。对于对人工智能技术解决方案有需求的企业来说，找到最适合自身应用场景的解决方案和技术方案，关系到自身应用人工智能的效率和效果。可以依据企业需求，通过人工智能 TensorFlow 和 PyTorch 框架开发应用，但目前在这方面存在严重的信息不对称和需求不匹配的问题。实际上，对于大多数中小企业来说，大数据、云计算、人工智能等具有较高门槛的技术种类，都是难以长期自主研发、持续投入的领域。这严重影响了人工智能在产业的落地及产业方的智能化升级。这就需要一个开放的平台来帮助需求方和服务商完成产业对接，提升合作效率。

2019 年 8 月 1 日，科技部印发《国家新一代人工智能开放创新平台建设工作指引》的通知。文件明确，新一代人工智能开放创新平台重点由人工智能行业技术领军企业牵头建设，鼓励联合科研院所、高校参与建设并提供智力和技术支撑。

在政策引导之下，各方积极推进新一代人工智能开放创新平台建设，人工智能技术、产品、服务在各领域的流动速度也不断加快。

目前，我国人工智能开放平台参与者众多，综合参与者背景和开放技术类型，可大体分为四类：通用、全面的智能云计算下属 AI 开放平台，如百度云、腾讯云、阿里云等下属的 AI 开放平台；通用、全面的独立人工智能开放平台，如小米开放平台、讯飞开放平台等；提供垂直技术的人工智能开放平台，如专注计算机视觉的旷视科技 Face++、商汤科技等；提供垂直场景技术的人工智能开放平台，如安防场景的海康威视、大华股份的乐橙开放平台、教育场景的好未来 AI 开放平台等。

人工智能开放平台的推出，无疑会给许多这样的企业带来开源资源的支持，可避免无效探索和盲目投入，让企业能够快速借助 AI 技术红利实现创新。

本节将带领大家认识通用、全面的智能云计算下属 AI 开放平台——百度 AI 开放平台、腾讯 AI 平台。

一、百度 AI 开放平台

（一）百度 AI 开放平台简介

百度 AI 开放平台提供了 PaddlePaddle 企业版 EasyDL 和 BML、智能对话定制平台 UNIT、AI 学习与实训社区 AI Studio，以及实现算法与硬件深度整合的软硬一体产品等，一站式满足 AI 模型开发、AI 创新应用、AI 学习实践的需求，助力各行业 AI 升级。

百度 AI 开放平台提供了 120 多项细分的场景化能力和解决方案，包括语音识别、人脸识别、文字识别、细密度的图像识别、垂直的图像识别及自然语言处理的知识图谱等一系列的能力，这些能力可以直接在产品和应用中使用，能力集成速度最快仅需 5 min。在百度 AI 开放平台上，80% 以上中小企业和开发者不需要花钱就可以使用百度开放的能力，比如，语音识别每天有 5 万次的免费调用次数，语音合成每天有 20 万次的免费调用次数，语义、人脸、图像等方向的技术接口都有免费使用的次数，这是百度为了大家能更好地体验和应用而做的努力。

（二）百度 AI 开放平台的应用

百度 AI 开放平台上的开发者数量超过 100 万，百度 AI 被广泛应用在教育、广电传媒、交通运输、金融等各个行业中，超过 20 个行业在使用百度 AI 技术。

1. 教育行业

"云志愿"是杭州布谷科技推出的一款高考志愿填报类 App，其基于大数据挖掘技术，科学、快速地帮助考生填报高考志愿。考生和家长在高考志愿填报前，需要阅读《招生计划》和《报考指南》，了解大量的报考信息，而且志愿填报时间短、压力大，云志愿能在短短的 2 天内完成对全国 28 个省份的《招生计划》和《报考指南》全部电子化工作，给用户提供志愿填报指导服务。这得益于百度 OCR 的超快识别速度、超高准确率，以及百度 NLP 技术，之前 20 个人花 18 个小时才能完成的书本电子化工作，现在只需要 1 个人花 4 个小时就能完成，节省了大量的时间成本和人力成本。同时，也为用户带来了良好的体验。

2. 广电传媒行业

在广电传媒方向，2020 年 12 月，《人民日报》举办"2020 智慧媒体高峰论坛"，发布《人民日报》"创作大脑"，由百度自主研发的云端 AI 通用芯片提供适配语音、语言、视觉算法的算力；通过媒体知识中台、智能创作平台和智能视频平台，开放知识图谱、自然语言处理、视觉等 AI 能力，将人工智能技术应用于新闻策划、采编、审校、分发等各个环节，构建全媒体智能新生态。"创作大脑"的全媒体内容生产工具覆盖了全媒体策划、采集、编辑、传播效果分析等各环节和业务场景，可以大幅提高新闻产品的生产效率，能够进行视频直播关键人物、语句识别，全网热点数据自定义监测预警、批量生成可视化大数据报告等多种智能化生产，并依托智慧云盘系统全面提升协同办公水平，有效解决媒体智能技术应用的"最后一千米"问题。

3. 交通运输行业

在交通方向，助力济南地铁实现了全国首个地铁 3D "刷脸"进站业务。3D "人脸识别"智能通行设备搭载百度大脑人脸离线识别 SDK 算法，具有多种模态活体检测能力，可防御诸如照片、视频、3D 模型等伪装攻击行为，其算法抵御假面攻击拒绝率超过 99%，可有效保障业务的安全性。人站在黄线外刷脸到完全通过闸机只需 1.88 s，而使用地铁卡、手机二维码等方式需 3 s 才可通过闸机，乘客通行速度提升了近一倍。

4. 金融行业

在金融方向，联通支付的"智收银"App 通过结合百度 AI 语音合成技术，将文字转换为语音播放出来，通过语音指导消费者当前操作步骤，以及提醒操作是否成功或交易是否成功。同时，App 中采用了百度语音合成的 4 种发音（普通女声、普通男声、特别男声、情感男声），后续商户可根据店铺风格进行设置。百度 AI 语音合成技术的引入，使用户在进行支付操作时，能有更好的听觉体验加持，从而有效地帮助用户节省时间，为越来越多的商户提供了更轻松、便捷的支付服务和体验。

二、腾讯 AI 开放平台

（一）腾讯 AI 开放平台简介

2018 年 9 月，腾讯发布 AI 开放平台 AI.QQ.COM，该平台依托腾讯 AI Lab、腾讯优图、WeChat AI 等实验室，汇聚腾讯 AI 技术能力，开放 100 余项 AI 能力接口供行业使用。线下则通过 AI 加速器帮助和扶持 AI 创业者，打造 AI 开放新生态。

至 2021 年，腾讯云已开放超过 300 项 AI 原子能力、50 多个 AI 解决方案，服务全球超过 10 亿用户。AI 开放能力涵盖文字识别、智能机器人、人体识别、自然语言处理、语音技术、人脸识别、人脸特效、图像识别、AI 平台服务等方向。解决方案涵盖智能票据、人脸识别门禁考勤、AI 互动体验展、实名实人认证、AI 创意营销智能客服机器人、智慧会场等。

（二）腾讯 AI 开放平台的应用

腾讯 AI 开放平台与工业、广电传媒、金融、教育等行业结合，持续释放 AI 应用价值，并取得了一系列成果。

1. 工业行业

腾讯 AI 提供了解决方案 + 平台双引擎的模式，解决方案层面提供软硬一体解决方案，一站式解决客户工业质检问题。上海富驰高科在部署腾讯云 AI 质检产品后，质检速度提高了 10 倍，首次达到了业界零漏检，节省数千万元成本。华星光电通过智能钛 AI 平台基于设备参数数据与生产图像进行生产缺陷检测与分类，降低了企业人力成本，提升了缺陷检出率。此外，还为空客、中国外运等龙头客户打造优质 AI 方案，帮助企业实现降本增效和数字化转型。

2. 广电传媒行业

腾讯 AI 开放平台为广电传媒行业量身打造了 AI 中台系统，提供了智能化、全流程、一站式的中台服务及开箱即用的智能应用。目前，已经发布智能编目、智能拆条、智能标签、视频质检、人脸集锦和智能超分等九大 AI 应用，定向构建和优化的底层 AI 算法能力超过 54 项。AI 中台获得了 2021 年 CCBN 产品创新优秀奖，并已经落地中央广播电视总台央视频 5G 新媒体平台项目。

3. 金融行业

腾讯提供了一站式 AI 平台——智能钛平台，覆盖机器学习、数据标注和 AI 应用服务等 AI 模型生产、管理、发布、应用的全流程环节，助力金融机构快速构建符合自己企业需求的金融 AI 平台。智能钛机器学习可以辅助金融机构建立用户购买行为预测模型，预测用户行为，从而对用户进行针对性理财产品推荐。例如，智能钛为北京银行建设了行级 AI 基础平台，为 AI 在风控、营销优化等场景中的应用打下基础，并证明智能钛应对金融大数据量和复杂场景需求方面的能力。海通证券通过智能钛基于历史行为数据建立了流失率预警模型，提前预测流失行为，及时挽留，帮助海通证券大幅提升客户挽留效率。陕西信合基于腾讯智能钛打造了 AI 金融服务平台，助力陕西信合实现金融风控、营销、运营等多场景模型的开发运行及统一管理。

4. 教育行业

腾讯 AI 从"教、考、管、批"教学流程中打造智能化解决方案，可以帮助学生更方便地完成登录，天然认证身份，防止出现代打卡、替考等情况。使用语音识别和 NLP 技术，腾讯 AI 可帮助家长和老师快速检查语文背诵、英语口语作业等。智能钛机器学习平台内置的丰富算法与框架组件满足不同用户的使用习惯，在各类 AI 算法大赛中，提供满足各参赛队伍的使用习惯的工具，可以提供高性能集群支撑数千人的高并发大批量训练任务。

第三章　智能音频技术

第一节　智能音频技术概述

音频是通过听觉感知的信息，是与视觉同等重要的媒体形态。智能音频技术是对音频进行处理的人工智能技术，旨在实现乃至超越人类对音频信息的感知、理解和利用的能力。现今世界，在新一代人工智能浪潮的推动下，智能音频技术发展迅猛，已经深入到我们的工作、学习和生活的各个角落。各种各样的智能音频设备应有尽有，如智能音箱、智能耳机、智能麦克风、智能录音笔、智能电视、智能手表等。同时，相关的技术名词也是随处可见，如语音输入、智能唤醒、语音降噪、语音翻译、语音识别、语音合成、哼唱检索等。所有这一切都昭示着智能音频技术时代的到来。

一、智能音频技术的发展

在学习和探讨智能音频技术的具体内容之前，我们首先需要了解它的发展历史，回顾它变迁的脉络。总体上讲，可以将智能音频技术的发展划分为三个阶段，即探索阶段、传统统计学习阶段和深度学习阶段。

（一）探索阶段

探索阶段的时间为 20 世纪 50 年代至 20 世纪 80 年代。这一时期的一项主要研究内容是基于模板匹配和规则的方法进行简单语音的识别，如数字识别、字母识别、孤立词识别等。

1959 年，研究者第一次基于统计学的原理，采用音素序列的统计信息来提升多音素词的识别率。1971 年至 1976 年，语音理解项目得到了大力资助，促进了连续语音识别的研究，使得基于规则的方法和基于统计建模的方法成为并立的两种方法。

这一时期也开始了语音合成的研究，例如，1952 年出现的共振峰合成器，1980 年发布的串 / 并联混合共振峰合成器等。此后，又出现了波形拼接技术，通过连接发声基元的方法合成语音。

（二）传统统计学习阶段

1980 年，隐马可夫概率模型（HMM）被应用到语音识别中并取得了显著效果。这一成功使得隐马可夫概率模型为世人所认识和重视，在音频信息处理中得到了广泛应用。在长达 30 多年的时间里，其一直处于统治地位。这个时期也就是智能音频技术的传统统计学习阶段。

（三）深度学习阶段

2010 年以来，新一代人工智能强势登场，智能音频技术得到了飞跃式的发展。深度学习这一有力武器不仅使语音识别和语音合成等经典问题得到了比较完美的解决，还促进了其他智能音频技术的大发展，如语音翻译、音频检索、音乐生成等。

最初，深度学习在智能音频技术中主要用于特征提取和声学建模，在特征提取和声学建模之后，依然采用 HMM 进行处理。从 2014 年开始，深度学习被用于智能音频处理的全过程。

这类方法将待处理的音频信号输入深度神经网络之后，深度神经网络从头到尾完成全部任务，最终将所需要的结果输出。因此，这类方法也被称为端到端的深度学习，即从始端到终端的任务全部由深度学习完成。

回顾智能音频技术的发展历史可以看到，这项技术的方法论是沿着基于规则到传统统计再到深度学习这样一条路径演变的。实际上，这也是整个人工智能技术发展的大致轨迹。所谓规则，本质上就是符号演算法则，是人工智能初期所采用的主要方法。其间经历了概率统计模型的过渡之后，现在进入到深度学习，利用深度神经网络强大灵活的建模能力来统一解决各种问题。

尽管智能音频技术在不同的时期有不同的实现方法，但其本质属性并没有变，那就是用机器模拟与听觉相关的人类智能。同时，所要解决的关键核心问题也没有变，只是解决问题的技术手段不同而已。因此，学习智能音频技术，首先需要把握这些核心问题，了解与此相关的概念和产生系统能力的流程，在此基础上，再对典型智能音频技术进行分析和理解。

二、智能音频技术的基本原理

（一）从"声音"到"音频"

智能音频技术是用机器模拟与听觉相关的人类智能，而听觉所感受的信息就是声音。因此，声音是智能音频技术研究的对象。那么，什么是声音呢？严格地讲，"声"和"音"是不同的。

从物理上讲，"声"是人耳能够感觉到的波动，是一种在弹性介质中传播的扰动，是机械波中的纵波。声的产生一般可以分为三个阶段，即发声物体（声源）的振动所产生的激励、振动在腔体中产生的共振，以及共振通过弹性介质的传播。"音"的通俗解释是"有意义的声"。老子讲"音声相和""大音希声"，就是对声和音之间既相互区分，又紧密联系的阐释。

在现实当中，人们往往并不太注意区分"声"和"音"，惯于以"声音"一词概而言之。但实际上两者的用法还是有差别的，比如噪声和噪音的区别。噪声往往强调对有用信号的干扰，如通信噪声等；噪音则侧重语义上的干扰，如噪音扰民等。

总而言之，声音是一种波，且其中包含着特定的含义——信息；因此，声音的作用可以从信息处理的角度来探讨。人对信息进行处理的过程大致就是从外界获取信息，之后进行过滤、识别、理解和决策并作用于外界的过程。这个过程对人类具有至关重要的意义。

首先，声音是人从外界获取信息的重要来源，在人的五种感觉器官中，听觉来源的信息占11% ~ 20%，仅次于视觉，位居第二位。其次，声音中的语音是人类最重要、最有效、最便捷的信息交流工具。再次，声音可以用来与环境进行交互，如警报声、喇叭声、敲门声等。

由此可见，声音对于人具有极大的作用。于是，利用计算机帮助人进行声音的处理，促进人与人之间、人与机器之间基于声音的信息交互便成为一个十分重要的研究方向，我们一般把这个称为音频信号处理。

音频信号，是指声音信号经过采集设备采集并数字化后的数字信号，以电信号的形式存在。声音信号是一种机械波——声波。两者本质上是一样的，即包含的信息基本一致，只是表现形式不同。两者可以相互转化，声波经过数字化采集设备生成音频信号，音频信号经过音频播放设备转换为声音信号。音频信号是计算机可以直接处理的对象，声音信号是人可以直接处理的对象。音频通常分为语音、音乐、一般音频（有时也称为音效）等。

（二）智能音频信息处理

智能音频技术是在音频信号处理基础上发展起来的，是研究如何更有效地产生、传输、存储、获取和应用音频信息的技术，其侧重于音频信息处理的智能化，因此也称为智能音频信息处理技术。一般认为，智能音频信息处理 = 音频信号处理 + 机器学习，即在音频信号处理的基础上，采用机器学习的方法进行音频信息的智能处理。

智能音频信息处理，首先是音频信息处理，其次是音频信息处理关键环节的智能化。按照信息处理的流程，智能音频信息处理可以分为：音频信息采集与预处理、音频信息通信与存储、音频信息识别、音频信息检索、音频信息生成等。

智能音频信息处理流程，实际是人们日常生活中时刻都在进行的。为了便于大家理解，我们给出一个电话语音查分的实例。比如，拨打查分热线，语音合成提示音"欢迎进入查分系统，请直接说考号和姓名！""考号是×××，姓名是×××"，电话终端会进行语音检测、语音增强、语音编码，然后通信传输到服务器端进行语音译码、语音识别与理解、成绩信息检索与应答文本生成、语音合成，最后是语音编码传输到电话终端，返回成绩播报语音。

由此可见，智能音频信息处理主要的功能包括：智能地获取音频信息、生成音频信息（如成绩语音播报）、基于音频的智能信息交互（包括音频信息获取、理解与应答、语音合成等流程）。下面以音频相关部分为重点对智能音频信息处理的流程进行介绍。

1. 音频信息采集

音频信息采集，也称为录音，即把声音信号转换为音频信号。声音信号是连续的模拟声波信号，需要利用声音传感器——麦克风转换为电信号，并通过模数转换（A/D 转换）变为数字音频信号，以便于后续进行数字处理。由于信号采集的不理想会带来音频信号的失真，可能将会给后续处理带来不可逆转的影响，因此，在进行音频信号采集时，需要考虑使用合适的传感器。

录音的基本原则是保证不失真，即采集到的音频信号不失真、噪声干扰足够小。常用的麦克风有气导麦克风、骨导麦克风和麦克风阵列等。气导麦克风通过感知空气传导的振动来采集声音，是最常用的麦克风。骨导麦克风通过感知固体传导的振动来采集声音，可以有效地降低空气传导噪声的影响，使用时必须紧贴人脸。麦克风阵列是由多个麦克风组成的阵列，具有可以有效抑制噪声，可采集空间信息（即声场信息，可用于音源定位、音频分离、声学场景分析等）等特点。骨导麦克风和麦克风阵列的采集效果要优于气导麦克风。

通过对人耳听觉感知的研究，研究者发现人耳不仅对单向的声音有感知，还有来自大脑的反向控制信息，可以让人耳从繁杂的音频信号中获取自己需要的音频信息。目前，麦克风技术还没有这样的功能，只是单向地、简单被动地进行音频信号采集。未来，麦克风的发展方向应该是按需感知，根据需要智能地采集音频信号，以降低后续处理的难度。智能麦克风可能具有的功能有按需采集、智能降噪、智能定位、智能分离等。

2. 音频信息预处理

麦克风采集到的音频信号在进行后续处理之前，还需要做一些必要的预处理，包括噪声的去除和有用信息的初步提取，具体包括：分割与检测、噪声处理、音频定位、语音恢复等。

第一，分割与检测。它是指从音频信号中分割和检测出需要处理的音频段，比如语音端点检测、语音的说话人分割与聚类等。

第二，噪声处理。在语音信号处理中，也称为语音增强。噪声对于音频信号分析会产生很大的影响，很多应用中都需要进行降噪、去噪处理。噪声是相对于要处理的目标音频而言的，噪声种类很多，室内环境下主要的噪声有：回声（echo）、混响（reverberation）、环境噪声、其他说话人语音等。

由于噪声的种类很多，对目标音源的干扰也各不相同，实际进行噪声处理的时候往往会分门别类地进行处理。比如，回声消除、混响抑制、语音降噪（主要去除语音中的噪声干扰）、说话人语音分离（研究如何消除目标人语音以外其他说话人语音的干扰）、音乐分离（解决人声与乐器声分离的问题）等各种有针对性的噪声处理。

传统的音频分离，也称盲源分离、盲信号分离，这里的"盲"主要是指缺少源信号和传输信道先验知识。常用的方法有独立成分分析法（independent component analysis）、快速独立成分分析法（fast independent component analysis）、独立向量分析法（independent vector analysis）、稀疏成分分析法（sparse component analysis）、非负矩阵分解法（nonnegative matrix factorization analysis）和字典学习法（dictionary learning analysis）等。这些方法大都是根据音频信号的某些特点，如高阶统计量和数据稀疏性等，来实现音频信号的分离，但对人类听觉感知借鉴得很少。基于计算听觉场景分析法（computational auditory scene analysis）的分离方法是近年来的研究热点。传统的计算听觉场景分析法需要计算各种听觉线索，需要对不同音源的产生以及人耳的感知有充分的认知，因此比较复杂。由于深度学习有强大的学习能力，基于深度学习＋计算听觉场景分析的音频信号分离，是目前的主流方法，其基本思想是借鉴人耳的掩蔽效应，通过深度学习网络来估计目标音频的掩蔽阈值，从而实现目标音频的分离。常用的深度学习网络有 LSTM、TCN、DPRNN、U-NET 等。

第三，音频定位。也称为音源定位，就是要确定某个音频来自哪个方向、哪个空间位置，一般需要麦克风阵列来提供空间信息，其原理与通信中基于天线阵列的手机定位问题很相似。音频定位主要用于会议场景中的说话人定位、特定音源定位（如非法鸣笛车辆检测、枪声位置检测等）等。

第四，语音恢复。由于磁带录音介质老化、远距离录音等特殊原因，语音信号本身会有所损失，语音恢复就是运用语音信号处理和机器学习算法来对损失的语音进行补偿。这个问题与语音降噪有所不同，语音降噪中，语音没有损失，只需要消除噪声的干扰。在语音恢复问题中，语音本身的信息有损失，也可能存在噪声，但语音损失是主要问题。

3. 音频通信与音频存储

采集到的音频可以直接进行处理，也可以经过通信系统传输，或存储到计算机等存储介质中保存。音频通信，即远距离通信，主要将音频信息从一方传到另外一方，打破了信息处理在空间上的限制。音频存储将音频保存至存储介质，可以随时进行音频信息处理，不受时间上的限制。音频信号中存在很多冗余信息，为了提高通信和存储的效率，需要对音频进行压缩编码。如何通信，如何存储，是通信技术和计算机存储技术需要解决的问题，如何对音频进行压缩编码，是音频信号处理需要考虑的问题。语音编码、音频编码部分，基本属于传统音频信号处理的范畴，常见的方法有波形编码、参数编码和混合编码等。

音频编码中也存在一些智能处理技术，主要表现在以下几个方面。

第一，音频编码关键环节的智能处理。比如语音激活检测（判断是否是语音）、矢量量化码本生成、语音质量评价等环节，既可以采用传统的方法实现，也可以使用机器学习的方法提高编码质量。

第二，基于内容的音频编码。MPEG-7 编码标准是要把多媒体内容变成像文本内容一样，具有可搜索性。这种内容表示往往是多种抽象层次上的，对于音频内容，较低抽象层可能会采用音调、调式、音速、音速变化、音响空间位置等属性来描述。最高层可能会给出关于语义的信息。如"一群野马在荒原上奔跑、嘶鸣"。中间也可能存在过渡的抽象层，一般是提取的各种特征。这些内容的获取往往需要进行音频信息识别或者转写。

第三，音频场景编码。主要包括两个过程：音频听觉场景分析编码和音频场景译码。编码阶段，主要采用麦克风阵列采集音频场景信号，然后进行音频场景信息的提取、分析、编码。译码阶段，主要对音频场景编码进行译码，并将译码后的音频场景信息通过扬声器阵列复现出原始的音频场景。音频场景译码可以看作是一个（音频）虚拟现实的过程，因此可以直接用于基于虚拟现实的影视作品创作，也可以用于实现身临其境的语音通信（免提全息电话）等。

第四，智能语音编码（如基于语音识别的语义编码、基于语音合成的译码等）。智能编码概念提出已很久，但研究者不多，也未有成熟的技术或者产品出现。

4. 音频信息识别

音频信息识别是音频信息获取中的关键环节，传感器采集到的只是音频信号，音频信号中包含的信息需要识别过程来提取。这个从音频信号中提取所需信息的过程，就是音频信息识别。举例来说，英语听不懂，不是听不见声音，而是不会做英语语音识别。这个识别能力是需要通过学习得到的，这个学习的过程称为训练，工作的过程则称为识别。

音频信息识别的种类有很多，一般根据所提取信息的不同来进行命名。由于音频中包含的信息很多，可以提取的信息也非常多，人们可以根据需要进行不同信息的提取。比如，可以通过音频场景识别知道"我在哪里？"（如车里）；可以通过音频事件识别知道"有什么事情发生"（如识别到语音表示有人说话，识别到喇叭声表示有车经过）；可以通过语音识别知道一些细节，如"谁在说"（说话人识别），"说了什么内容"（语音内容识别），"说话人是男的还是女的"（语音性别识别），"说的是中文还是英文"（语种识别），"说话的感情色彩是怎样的"（语音情感识别），甚至"说话人是胖还是瘦，有没有疾病，说话时嘴里有没有吃东西等"。总之，音频信息识别就是根据人们的需要，从音频信号中提取各种各样的信息，是一个开放的概念。

音频信息识别的建模方法有很多，总的来说，有模板匹配方法、统计识别方法和基于深度学习方法等。统计识别方法是深度学习流行之前的主流方法。有很多成熟的深度学习识别框架，如 CTC、RNN–Transducer、LAS、Transformer 等。

5. 音频信息检索

信息检索（information retrieval）是将信息源（检索对象）按一定的方式进行加工、整理、组织并存储起来（一般是建立索引的数据库），再根据用户特定的需要（检索输入）将相关信息准确地查找出来的过程。音频信息检索是指检索对象或检索输入（Query）为音频的信息检索，是多媒体信息检索的一个分支。

音频信息检索是信息检索的一个分支，其处理过程与信息检索过程相同，不同的是音频信息的存在。音频信号是一种随机信号，不能直接进行检索，需要进行音频信息的转写，将随机性的音频信息转换为可以直接计算匹配的可描述信息。音频信息转写的过程是一个从随机空间到确定空间映射的过程，过程中必然会出现转写错误或者不确定性问题的发生，如何处理这种转写错误或者不确定性问题，是音频信息检索相对于一般信息检索的特殊问题。后面我们将对这些问题进行详细的讲述。

音频信息识别与音频信息检索，两者的关系非常紧密，这也是信息识别与信息检索之间的关系，下面我们来简单地说明。

音频信息识别解决的是一个音频中有什么信息的问题，音频信息检索解决的是一个海量的音频库中有没有特定信息（与查询输入相关）的问题，而音频库中的每个音频有无特定信息，需要通过音频信息识别过程来解决。可以说，音频信息识别是音频信息检索的基础，音频信息检索中的音频信息转写就是音频信息识别本身或者其中的一部分（如特征提取等），因此音频信息检索也可以看作是音频信息识别的一个应用。

从类别数目上看，音频信息识别中的类别数目一般是有限的、确定的（需要为每个类别训练模型）。比如，语音性别识别只有 2 个类别，语音情感识别采用 4 ~ 8 种情感类别（视具体任务而定），汉语连续语音识别有几千个字类别等。音频信息检索中用户的查询输入往往是多种多样的，不同的查询输入都可以看作是一个类别，可见，音频信息检索中的类别数目是没有限制的。因此，音频信息检索问题在一定程度上可以看作是无限类别的音频信息识别的问题。

由于类别数目无限或者过于巨大，不可能在检索时进行实时的比较识别，所以检索系统需要事先对音频数据库中的每个音频进行比较，识别计算得到索引，并构建索引数据库，在检索时直接查询索引库，以提高检索效率，这也属于以空间换时间的方法。

6.音频信息生成

音频信息生成包括音频信息合成和音频信息转换。音频信息合成，是将文本描述的信息转换为音频信息（音频信号），包括语音合成、歌声合成、伴奏生成、动物叫声合成和听觉场景生成等。音频信息转换，是将音频信息由一种风格转换为另外一种风格，如语音转换是将某个人的语音转换为其他人的语音，歌声转换是将某个人的歌声转换为其他特定人的歌声等。从某种意义上说，音频信息转换和个性化的音频信息合成具有很多相似之处，但两者的输入不同。在一些研究中，也采用音频信息识别加个性化音频信息合成的方法来解决音频信息转换问题。

语音合成（speech synthesis），又称文语转换（text to speech，TTS），是将文本转换为语音的技术，主要解决让机器开口说话的问题。语音合成可以看成是语音识别（speech to text）的相反过程。常用的语音合成方法有波形合成（如基音同步叠加 PSOLA 算法），参数合成（如基于 HMM 的语音合成），基于深度学习的语音合成等。基于深度学习，特别是基于端到端的语音合成是当前的主流方法，如 Tacotron、FastSpeech、Deep Voice、Transformer 等。

语音合成系统生成的语音往往是某个说话人（训练集中的说话人）的语音，利用个性化语音合成技术合成其他说话人的语音。个性化是指与说话人有关的个性信息和说话风格信息，如发声器官的特性、口音等信息。个性化语音合成需要引入参考说话人的风格信息，使得合成的语音带有特定说话人的风格。歌声合成与语音合成类似，但多了韵律合成部分，其输入一般包括曲谱和文本歌词。

听觉场景生成是虚拟现实研究的一部分，其理论基础是计算听觉场景分析建模，用计算机技术将人类听觉对声音的处理过程（听觉场景分析）建模，使计算机具备从混合声音中分离各物理声源并做出合理解释的能力。听觉场景生成依据听觉场景模型，根据输入的场景要求，通过扬声器阵列在新的声学空间重现特定音频场景。可能的应用包括：家庭 3D 影院（环绕立体声）、全息通信（免提全息电话）、虚拟游戏（虚拟音频场景游戏）、影视制作（音频场景虚拟现实）等。

第二节 音频信息识别

一、音频信息识别的基本概念

围绕音频信息识别问题，本节主要讲解智能音频信息处理的核心关键技术。音频信息识别属于模式识别问题。模式识别的主要任务是从外界采集到的多媒体信号中提取所需要的信息，根据媒体的不同，分为图像信息识别、音频信息识别等。

音频信息识别是研究如何采用数字信号处理技术自动提取以及决定音频信号中最基本、最有意义的信息的一门新兴的边缘学科。简单来说，从音频信号中提取有用信息的过程，都可以称为音频信息识别，而且提取什么信息，就可以称为什么识别。比如从语音中提取说话人信息，就可以称为说话人识别；从音频信息中提取婴儿哭声，就可以称为婴儿哭声识别；判断一段音乐属于哪种流派，就可以称为音乐流派识别等。

音频的种类有很多，每种音频中的信息也是多种多样的。因此，音频信息识别是一个开放的概念，往往根据人们的需求进行不同的识别。图 3-1 给出了一个常见音频种类的示意图，但这种列举还远远不能把所有的音频信息识别包含在内。音频信息识别，本质上是解决如何通过音频获取信息的问题，那么，人要通过音频从外界获取哪些信息呢？音频信息识别都有哪些具体的分类呢？图 3-2 给出了音频信息的层次描述。人对外界信息的获取可以分为从大到小的三个层次：在哪里（音频场景信息）、有什么事情发生（音频事件）、具体情况怎样（音频内容及个性化信息）。同样，音频信息识别也包括三个层次：音频场景识别、音频事件识别、音频内容及个性化信息识别。

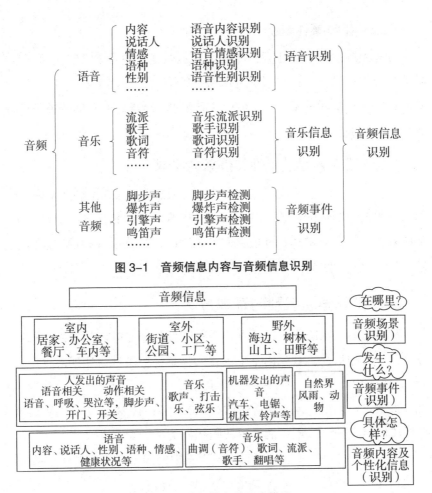

图 3-1 音频信息内容与音频信息识别

图 3-2 音频信息的层次描述

（一）音频场景识别

音频场景是指音频发生的具体环境和情境。音频场景的定义往往是根据人的需要来定义的，很多时候也有粗类和细类的区分，比如室内、室外、野外等就是粗类划分，而每个粗类下会存在很多细类。无论是粗类还是细类，每个音频场景都是由很多音频事件构成的，不同的场景下可以存在相同的音频事件，比如语音这个音频事件可以存在于各种音频场景中，但其出现的概率是不一样的。通常认为，一个场景中应包含一些关键的音频事件，而这些关键音频事件的出现及其组合情况定义或者代表了这个场景。

（二）音频事件识别

与音频场景类似，音频事件的定义是根据人的需要来定义的，也有粗类和细类的区分，往往根据音源来进行命名，如汽车的声音、发动机的声音等。在实际环境中，音频事件有很多，很难对所有事件进行识别，故往往只识别感兴趣的音频事件——关键音频事件。

（三）音频内容及个性化信息的识别

音频事件还是一个高层次的描述，只描述了这些音频事件是否发生，因此需要更为细化的信息识别——音频内容及个性化信息的识别。音频事件繁多，但真正做到音频信息内容识别的，只有语音和音乐这两个事件，当然也只是解决了一部分问题而已。

二、音频信息识别的基本方法

音频信息识别的难点，或者说需要智能化信息处理的原因，就在于音频信号的随机性。音频信号中包含的信息多种多样，比如语音中包含内容、说话人、情感、语种、性别等信息，这些信息交织在一起构成语音。哲学里有句话，人不可能两次踏入同一条河，对于语音的随机性也同样可以说，一个人不可能发出两句相同的语音。

实际上，识别任务往往只需要识别其中的某个信息（如情感），但这个信息却不是单独存在的，而是和其他信息融合在一起，会受其他信息的影响，表现出来就是语音的随机性，进而使得这个信息（如情感）的识别变得困难。如图 3-3 所示，两个语音波形都是高兴情感的发音，上图是女性发音，下图是男性发音，两句话的发音内容不同，可以看出虽然情感类别相同，但信号差别非常大。

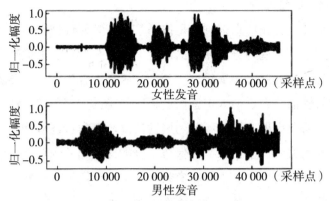

图3-3　两个高兴情感的语音波形

以语音情感识别为例（其他问题可以以此类推），与情感分类任务相关的属性信息或者与情感分类所依赖的属性信息是分类本身所需要的，称为情感属性信息。其他属性信息（如内容、性别、语种等）的存在，使得情感属性信息的表现不再稳定，具有很强的随机性。因此，如何消除随机性的影响以及提取稳定的语音情感信息，就是语音情感识别的重点。传统的模式识别及当前的深度学习方法，都进行了很多的研究，提出了很多解决方案。

（一）传统识别方法

传统识别方法往往采用特征工程＋复杂分类模型的思想，通过特征工程提取更有效的特征，通过复杂分类模型将音频从特征空间映射到一个更可分的模型空间。图3-4给出了一个简单的音频信息识别框图。整个识别系统分为训练过程和识别过程，训练过程主要利用训练音频库通过学习生成模型（表示类别的参数集合，具体形式与采用的分类方法等有关），识别过程则是将输入的测试音频与模型进行匹配比较的过程，一般遵循近邻原则，即离哪个类别的模型最近，识别结果即为哪个类别。

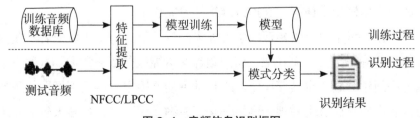

图3-4　音频信息识别框图

1.特征工程

简单来说，音频信息识别就是按照某些音频属性把一个音频分到其所属的类别中，这些与分类相关的属性信息就是特征，提取这些类别相关属性信息的过程就是特征提取。例如，语音内容识别，需要提取与内容相关的属性信息，说话人识别需要提取与说话人相关的属性信息，语音情感识别需要提取与情感相关的属性信息。好的特征应该是去除所有与分类任务无关的属性信息，只保留与分类任务相关的属性信息，使得所有模式在特征空间上，类内距离最小，类间距离最大。例如，语音情感识别的特征中应该尽量不含有语音内容、说话人等信息，在特征空间上，每个情感类别（比如高兴）应该分布得比较集中，不同情感类别之间分得越开越好，离得越远越好。要想提取完美的特征，需要对研究对象有深刻的了解和认识，比如人是如何产生语音情感的，人是如何感知语音情感的，这些理论问题的认知往往都是有所不足的。特征工程很难做，所以也设计了很多复杂的模式识别方法，来共同解决这些问题，常用特征有 MFCC、LPCC 等。

2.模式分类

简单来说，分类的过程就是匹配比较的过程，计算测试音频与每个模型的距离，选择距离最小的模型所对应的类别作为识别结果输出。常用的分类方法有 SVM、GMM、HMM、随机森林等。

（二）深度学习方法

深度学习是当前主流的、比较有效的模式识别方法，是一种模拟生物神经网络的人工神经网络方法，其特点主要表现在强大的学习能力和信息提取能力。这些能力为解决音频信号的随机性问题提供了基础。它有和传统方法不一样的思路，或者从某种意义上说，深度学习将特征提取和分类建模两个任务一起通过网络学习完成了。

依赖网络学习。依赖深度学习强大的学习能力，不再做或者不重点做传统的特征工程，而是把一切问题都交给神经网络去学习，这种简单化解决问题的思路也是深度学习大行其道的原因之一。但神经网络的能力是有限的，而且生物神经网络都是"专网专用"的，也是天生的（进

化而来的），即负责不同功能的生物神经网络都是各不相同的，因而需要
设计适用于特定识别任务的专用神经网络。

下面以语音情感识别为例，探讨如何搭建一个简单的深度学习网络，
其他问题可以以此类推，不再重复阐述。图 3-5 给出了一个基于深度学
习的语音情感识别框架，这里采用了多任务学习的思想，通过引入性别
分类任务来降低性别因素对情感识别的影响（这个是可选项，不是每个
模型都需要的）。为了便于理解深度学习的建模过程，我们将整个识别过
程分为三个阶段，即信息表达、信息提取、信息理解，分别对应信号层、
特征层 / 低级属性层、高级属性层 / 低级语义层。那么每个阶段的目标就
是如何获得本阶段的最佳情感表达，即如何提取保留情感分类需要的情
感信息，如何消除非情感部分的信息。

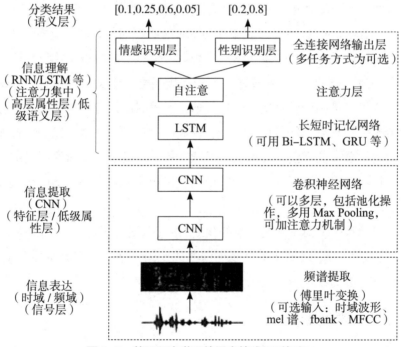

图 3-5 基于深度学习的语音情感识别框架

1. 信息表达

作为深度学习网络的输入，最简单也是最常见的方式就是直接输入
原始的音频信号，可以是时域音频信号也可以是频域信号，这种方式保
证输入音频中信息的完整性，依赖后面的卷积神经网络提取与类别相关

的属性特征。也有的研究继续使用传统的特征提取方法提取各种特征作为网络的输入，这种方法对特征工程的依赖较大，是传统模式识别思想的延伸。当然，有的研究将两者结合起来使用，也有一些效果。

2. 信息提取

这一阶段使用的网络大多是卷积神经网络。CNN 具有良好的局部信息提取能力，在有监督学习算法的指导下，可以提取与类别相关的属性信息。这一阶段的网络输出类似于传统识别方法中的特征，可以看作是一些与类别有关的属性信息的表达，也可以考虑加入注意力机制，比如通道注意力、频域注意力、时域注意力等。直接使用 Transformer，也是近年来很多网络建模经常使用的方法。

3. 信息理解

由于音频信号是时序信号，在信息理解阶段，一般采用 RNN、LSTM、GRU、Transformer 等时序建模网络，对时间上的信息进行建模，这一层的输出可以看作是高级属性信息（相对于信息提取阶段）或低级语义信息（相对于类别）。最后通过一个全连接网络产生类别的输出，具体输出形式可以是一个后验概率的矢量形式，输入的语音属于第三类情感的后验概率是 0.6，属于第二类性别类别的概率是 0.8；也可以是直接输出后验概率最大的类别，即第三类情感、第二类性别。在时序网络的基础上，往往还会引入注意力集中的机制，以提升一些关键信息的权重及影响力。

以上是一个简单神经网络的建立方式，只适合于搭建一个基线系统，如果要搭建一个适用于某个分类任务的专用网络，还需要做很多工作，希望感兴趣的读者一起去探讨研究。

三、语音识别

（一）语音识别的基本概念

简单来说，广义上的语音识别是从语音信号中提取有用信息的一门学科，是音频信息识别的一个分支。根据从语音中提取信息的不同，可以分为语音内容识别、说话人识别、语音情感识别、语种识别、语音性别识别、发音评价，语音疾病诊断等。可见，语音识别是一个开放的概念，只要是从语音中提取信息，都可以看作是一种语音识别。下面将重点讨论语音内容识别。

语音内容识别，简称为语音识别，狭义上，平时大家所说的语音识别往往就指这个。语音内容识别有时也称为 STT（语音文本转换，speech to text）、ASR（自动语音识别，automatic speech recognition）等。

根据识别的对象不同，语音识别可以分为孤立词识别、关键词识别以及连续语音识别。孤立词识别，是指每次识别时只能一个词一个词孤立发音，虽然识别系统实现简单，但使用不方便，目前已经基本不用这种方式。连续语音识别和关键词识别，对用户发音没有限制，可以连续发音，连续语音识别要求把每个发音都识别成文本，而关键词识别则只需要将发音中的关键词汇识别出来就可以了。关键词识别往往用于基于语音交互的信息服务中，比如语音订票系统，用户说："您好，我要订明天早上 8 点从北京到上海的机票"，而语音识别系统只需要将时间、起点、终点等关键词识别提取出来即可。

从语音来源或者应用场景角度看，可以分为桌面语音识别（16 kHz 采样，16 bit 量化）、电话语音识别（8 kHz 采样，8/16 bit 量化）、会议语音识别（16 kHz 采样，16 bit 量化）、远场语音识别（如家庭环境下的智能音箱等，往往采用麦克风阵列，16 kHz 采样，16 bit 量化）等。由于语音背景及语音质量不同，往往需要根据语音应用场景进行定制，即不同的场景用不同的识别引擎（声学模型）。另外，由于应用领域的不同，比如语音短信输入、语音地图导航、语音医嘱转写、庭审语音自动记录等，导致说话方式、常用词也各不相同，特别是还有一些专业术语等，于是语音识别引擎往往需要不同的语言模型。再加上语种、方言、口音等因素，一个语音识别引擎很难适用于不同的任务，即通用性不好，需要定制。

语音识别的难点除了前文谈的随机性问题外，还有一个连续样本的问题，即一句语音是连续发音的，由很多个字或词（类别）构成，字词之间的边界很不明晰，这样给识别带来了一些困难。目前，解决方法大都是采用动态解码的思想，即假设任何一个时间点都有可能是某个字词的边界，其优点是可以处理所有可能的情况，缺点是计算量会很大，所以，即使采用了快速算法（如 Viterbi、Beam Search 等），识别时间开销依然很大。

（二）语音识别的基本方法

纵观这几十年的语音识别的研究方法，大概经历了三个阶段：GMM（高斯混合模型）+HMM（隐马尔可夫模型）阶段、深度学习 +HMM 阶段、深度学习阶段。

1.GMM+HMM 阶段

HMM 模型主要用来对语音进行声学建模，是一个典型的统计方法，是语音识别前两个研究阶段的主流方法。GMM 主要用来描述语音的状态输出概率。

2. 深度学习 +HMM 阶段

采用深度神经网络来代替 GMM，如 DNN/CNN/LSTM/CNN+LSTM+DNN（有时也简写为 CLDN）等 +HMM 的方案，虽然采用了深度学习网络，但主要框架还是基于 HMM，深度学习的优势没有完全发挥出来。图 3-6 给出了这两个阶段的实现框图，可以看到使用的还是分立的模型——声学模型 + 语言模型，其中发音词典是声学模型基元（词）与语言模型基元（比如声母、韵母）的关系表。

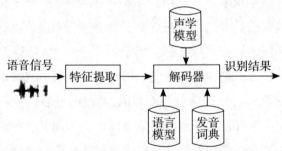

图 3-6　传统语音识别框架

3. 深度学习阶段

此阶段完全抛弃了 HMM，全部采用深度学习模型，比如 CTC（connectionist temporal classification）、Transducers、LAS（listen attend and spell）、Transformer、FSMN 等，这些模型大多是一种端到端的语音识

别框架。端到端，是指网络输入的是语音，而输出的是识别的文本，整个系统就是一个模型，因而可以进行端到端的整体训练优化，相比传统的声学模型＋语言模型的建模方法要好很多。目前的商用系统大多是基于深度学习的框架，特定领域的识别性能在 97% 左右，基本上达到了人的语音识别水平，也得到了广泛的应用。深度学习的语音识别框架与传统基于 HMM 的框架有三个不同之处：特征提取部分一般被 CNN 网络代替（大部分如此，也有研究者仍在使用 MFCC 等传统特征）；声学模型与语言模型都被集成到端到端网络中，图 3-6 中语言模型，实际是为了任务迁移（实际应用任务与训练时的任务不一致）等需要而加的外部语言模型，不是必需的；深度学习框架中声学模型与语言模型整合在一起，故不再需要发音词典。

可用的中文语料库有：THCHS-30、AISHELL、ST-CMDS、Primewords Chinese Corpus Set 1、aidatatang_200zh、Magic Data 等，这些可免费用于学术研究，具体可参考 http://www.openslr.org/resources.php。

可用的开源工具有：HTK Julius、Kaldi.Sphinx-4.RWTH ASR 工具箱等。

（三）语音识别的应用领域

语音识别目前已经在日常生活中广泛使用，特别是在智能终端上，简单整理如下：①语音输入。语音短信输入、微信语音转写、语音医嘱转写、庭审语音自动记录、智能语音笔等。②语音控制。语音命令控制、语音唤醒、智能音箱等。③语音检索。语音地图导航、新闻节目检索等。④语音交互。语音订票、智能语音客服、智能音箱、智能电视、智能车载系统、语音翻译等。

四、音频事件识别

音频事件实际就是不同种类音频的统称，往往根据声音来源进行定义，比如汽车发动机的声音、脚步声、开门声等。音频事件种类的定义，也有粗类（coarse-level categories）和细类之分（fine-level categories），粗类往往是大类，细类是粗类的细化。比如汽车引擎声是粗类，可以细分为小引擎（如摩托车）、中引擎（一般的家用汽车）、大引擎（大卡车）等细类。再比如，乐器音是粗类，弦乐器和打击乐是细类，还可以具体分为更细的类别，如钢琴声、小提琴声、大提琴声、鼓声、锣声、二胡声等。由此可见，音频事件的定义是根据任务的需要定制的，由于人们对音频信息关注的层次不同。

音频事件识别，也称为音频种类识别或音频事件分类，是指从音频信号中提取音频事件种类信息的技术。由于音频事件种类很多，实际任务中往往只识别关键音频事件，即关键音频事件识别。所谓关键音频事件，是指实际任务需要关注的、重要的音频事件，比如监控场景下的脚步声、玻璃破碎声等，健康监控场景下的呼吸声、咳嗽声、鼾声等，都是对应场景下的关键音频事件，同时也可以是其他场景下的非关键音频事件。

音频事件检测是音频事件识别的应用，即利用音频事件识别技术检测连续的音频流中存在哪些音频事件。音频事件识别一般是单标签分类任务，即要识别的音频中只有一个音频类别，从单个样本的类别标签上看只有一个类别标签，识别时只需要判断整个音频样本属于哪一类（标签）即可，这段音频往往不会太长（几秒到十几秒），通常是由人工切分或者通过某种算法分割而来。而音频事件检测往往是一个多标签分类任务，一个音频样本中包含多个音频事件种类，从类别标签上看，存在一个音频样本有多个类别标签的情况，这些音频往往来自实际应用场景，音频持续时间比较长，除了要检测有哪些音频事件发生，还需要标记每个音频事件具体的起止时间。

音频事件识别的难点除了前文探讨的随机性以外，还在音频事件的多样性。音频事件种类之间的差异比较大，具有多样性的特点。不同种类音频事件的产生机理差异多种多样，比如持续激励的乐音（语音、乐器音等）、非持续激励的非乐音（枪声、敲击声等）；闭合的谐振腔（语音、乐器音等）、半闭合（喇叭声）和无明显的谐振腔（锣声等）；小孔辐射（语音）、全辐射（乐器音等），类似的产生机理差异还有很多。产生机理上的多样性，会表现为音频信号空间上的多样性以及音频属性空间上的多样性。这种多样性，增加了音频事件识别建模的难度。

DCASE（Detection and Classification of Acoustic Scenes and Events）挑战赛是音频处理领域的顶级赛事，是由 IEEE 举办的声学类比赛，每届比赛都会吸引大量的研究机构、高校和企业参赛。DCASE 评测一般每年 3 月份开始报名，4 月初左右开放数据集下载，6 月 15 日左右提交评测。多年的评测，使得 DCASE 积累了很多开放的数据集和评测报告，感兴趣的读者可以自行去网站查询学习。2021 年 DCASE 设置了 6 个任务，声学场景分类、域转移条件下机器状态监测的无监督异常声音检测、定向干扰下的声音事件定位与检测、家庭环境中的声音事件检测与分离、少量生物声音事件检测、自动音频字幕等。

音频事件识别与检测，与检测图像中有什么物体存在的物体识别技术很相似，就是识别、检测一段音频中有什么声音存在，让人和机器可以通过音频获取外界信息。这属于音频认知范畴。在实际应用中，音频事件识别与检测也有着广泛的应用。

第三节　音频信息检索

信息检索是信息处理中非常重要的一个环节，大家日常用到的新闻搜索、商品搜索等都是信息检索的实用例子。信息检索可以分为文本信息检索和多媒体信息检索，音频信息检索就是多媒体信息检索中的一个研究分支。音频信息检索的种类如图 3-7 所示。

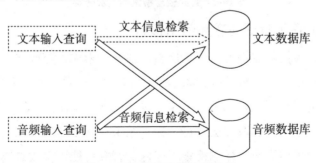

图 3-7　音频信息检索的种类

音频信息检索是以音频信息作为检索输入，或者以音频信息作为检索对象的信息检索技术。以音频信息作为检索输入，可以提供更多更灵活的检索方式，使得信息检索使用起来更为方便（如语音导航），同时也提供了更多的检索功能（如音频样例检索）。以音频信息作为检索对象，使得海量音频数据得到有效的使用，这与常规的信息检索相同。

一、音频信息检索的层次分类

音频中包含的信息有很多，从最底层的信号层到上层的语义层，每一个层次都包含着不同的信息，而这些信息都可以用于音频信息检索，或作为检索输入的描述，或作为检索对象的描述。根据检索任务的不同以及检索所用的信息，可以将音频信息检索简单分为三类：基于特征的音频信息检索，基于内容的音频信息检索，基于语义的音频信息检索。如图 3-8 所示。

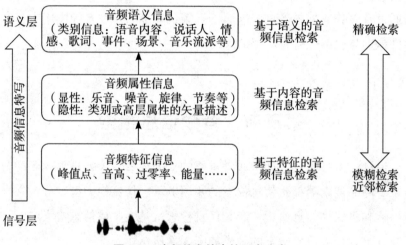

图 3-8　音频信息检索的层次分类

（一）基于特征的音频信息检索

基于音频信号层特征的信息检索，强调检索输入与检索对象在信号层次上的一致性。一般是以音频作为检索输入，检索对象也为音频信息。检索使用的是底层的信号特征信息，如峰值点、短时能量、过零率等，通常通过音频特征提取方法获得。检索结果往往是与检索输入相同的音频，故有时也称为音频样例检索。但这些音频可能因播放录制、环境噪声污染、多次编译码、简单编辑等而失真。

（二）基于内容的音频信息检索

基于音频内容的信息检索，强调检索输入与检索对象在内容层次上的一致性。通常是以音频作为检索输入，检索对象为音频信息。检索使用的是中间层次的属性信息，如旋律、节奏等显性属性信息，再如说话人、音乐风格等高层属性信息的隐含矢量描述等，一般通过音频信息转写（如音符转写）或者音频信息识别方法（如说话人的 i-vector、x-vector 等）获得。

检索结果与检索输入可能在信号层上差别很大，但在某些内容属性上却一致或者类似，比如哼唱检索强调在旋律上能够匹配，而忽略哼调唱词等的差异影响。

（三）基于语义的音频信息检索

基于音频语义信息的检索，强调检索输入与检索对象在语义层次上的一致性，检索输入和检索对象中至少有一个为音频，其他的可以是文本信息。检索使用的是语义层次信息（确定的类别信息），如语音内容、说话人、音频事件、音乐流派等，音频语义往往是通过音频信息识别获得。检索结果与检索输入在某些语义层次上一致，比如语音内容检索、说话人检索、音频事件检索等。

音频信息检索的分类方法有很多，还可以根据音频种类的不同，分为语音检索、音乐信息检索、音效检索、音频样例检索等。这些不同的分类方式之间不是简单的一一对应关系。比如，说话人检索，可以通过说话人识别实现基于语义的检索，也可以通过提取说话人的矢量表达（i-vector，x-vector）进行基于内容的检索。再比如，音乐检索，可以进行基于特征的音频样例检索，也可以进行基于内容的哼唱检索，还可以进行基于语义的音频信息音乐流派检索等。

二、音频信息转写

为了便于描述，本章将音频信号转换为特征、属性、语义描述的过程，统称为音频信息转写，方法包括音频特征提取、音频属性信息转写、音频信息识别等，本质是从音频中提取不同层次的信息，用于音频信息检索。

要研究音频信息检索问题，必须考虑其共性问题和特殊性问题。共性问题可以参考已有问题的解决方案（或在此基础上改进，但这可能不是重点），特殊性问题则是音频信息检索所特有的问题，这是要重点解决的问题。

（一）共性问题

音频信息检索和文本信息检索一样，都属于信息检索的范畴，因而音频信息检索与文本检索具有很多相同的地方，比如都是检索问题；实现方法都是一样的，即索引 + 检索；检索的性能评价指标也是一样的，即常用的准确率与召回率等。

准确率是指检索出来的条目（比如文档、网页等）中正确音频的占比，衡量的是检索系统的查准率。召回率是所有需要检索出来的条目有多少被检索出来，衡量的是检索系统的查全率。

这两个指标往往是相互矛盾的。

准确率 = 提取出的正确音频个数 / 提取出的音频个数

召回率 = 提取出的正确音频个数 / 检索库中总音频个数

（二）特殊性问题

音频信息检索又与文本检索问题有不同之处，主要在于音频信号是高维随机信号（信号点多，1 秒 8 kHz 采样的音频数据有 8 000 个采样点），不能直接进行精确编码描述，而对于文本来说，一个字或者一个词就是一个确定的编码。因此，音频信号无论是作为检索输入或者检索对象，需要先进行音频信息转写的过程，将音频信号转换为文本或者数据描述，再进行类似文本检索的检索过程。从某种程度上来说，音频信息检索 = 音频信息转写 + 文本检索。

三、音频信息检索方法

音频信息转写，是将高维的随机音频信号通过特征提取、信息转写、信息识别等手段，转换为可描述的（低维的、确定的）信息编码。这些技术大都属于音频信息识别所要研究的内容：可以是对识别完整过程的应用，即将作为识别结果的类别信息（语义信息）用于检索；也可以是将识别系统分类前的隐含变量/矢量数据（属性信息）用于检索；还可以用于类似提取识别器前端的特征，设计用于音频信息检索的特征提取器。因此，音频信息转写，虽然有其任务的特殊性，但大部分都可以参考借鉴音频信息识别的理论和方法，难度依然如音频信息识别一样，目前还没有完美无缺的方法。

音频信息转写是将高维随机音频信号转写为低维度的确定编码，由于音频信号的随机性和转写方法的原因，转写的结果往往也具有某些随机性或者转写错误。因此，音频信息检索系统必须对这些随机性或错误进行处理，这是音频信息检索独有的特殊问题，是研究音频信息检索的重中之重，也是所有多媒体信息检索研究都必须面对的问题。也可以说，音频信息检索 = 音频信息转写 + 转写错误处理 + 文本信息检索。因此，如何设计一个可以有效消除音频信息随机性的音频信息转写方法，如何处理转写随机性或错误带来的影响，是音频信息检索需要重点研究的问题。前者可以结合音频信息识别问题和具体任务来进行探讨研究，本节重点探讨后者。

音频信息转写结果通常有两种形式：识别结果的语义（文本形式的类别）表达和由特征提取、信息转写等得到的矢量（数据）表达。因为音频信号的随机性对它们的影响各不相同，所以采用的检索方法也各不相同。

（一）查询扩展 + 精确检索

基于语义的音频信息检索，往往采用音频信息识别作为转写工具。由于识别器有很强的分类能力，可以吸收一部分随机性，识别结果为确定的文本，其随机性影响主要表现为识别结果的错误，进而影响检索召回率。为了降低识别错误的影响，而采用查询扩展 + 精确检索的方法。

查询扩展（query expansion）是信息检索中常用的方法，是为了改善信息检索召回率（recall），我们将原来的查询输入增加新的关键词来重新查询，而扩展的往往是查询输入的同义词等。比如，检索输入为"电脑"，检索系统会扩展为"计算机""PC""台式"等词条。这里借鉴查询扩展的思想，我们将识别结果中的多个候选结果用于查询扩展，以降低识别错误带来的影响。

对于识别器输出的多个识别结果进行可信度评估打分，并按照可信度进行排序，选择 Top N（前 N 个）或者可信度大于某个阈值的多个候选结果，作为查询扩展项，即这些结果都作为检索的输入或者作为检索的对象，其识别可信度也将作为检索结果排序的一个依据。这种多候选扩展的优点是可以有效降低识别错误的影响，以提高召回率，缺点是增加了检索时间，有可能返回错误的检索结果，而降低检索的准确度。具体过程如图 3-9 所示。

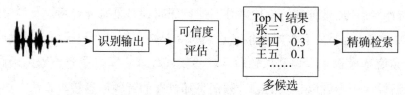

图 3-9　基于语义的音频信息检索（查询扩展 + 精确检索）

（二）近邻检索

在基于特征和内容的音频信息检索任务中，音频信息转写的结果大都是一些矢量表达（可以是特征矢量、Embedding、Vector 等），由于方法简单以及原始音频信号的随机性，其输出也往往带有随机性，即检索输入和检索目标的转写结果可能分布在一个范围内。因此，往往无法直接使用精确检索，只能采用近邻检索方法。

下面以说话人语音检索为例来说明精确检索和近邻检索的差别。在基于语义的说话人检索中，我们采用说话人的识别结果来表示一段语音，每个说话人的不同语音都被映射为检索空间的一个点，只要识别正确，就会都落到同一个点上。但如果识别错误，则落到其他说话人的点上，也就是说，每个说话人的语音通过识别都会变成检索空间上一个确定的点，这时的检索就是精确检索。

在基于内容的说话人检索中，需要采用说话人特征提取得到的矢量表示（如 i-vector、x-vector 等）来表示语音。那么同一个说话人的不同语音可能会落到说话人特征空间上的一个范围内，而不是一些确定的点上，这时就不再存在识别错误的问题。如图 3-10 所示，张三的不同语音可能会落到表示张三的圆内的任何一个位置，圆的大小和不同圆之间的重叠程度是语音随机性的具体表现。好的说话人表示，应该使得圆尽可能小，以及圆之间的重叠尽可能小。在这种情况下，再做精确检索就没有意义了，而需要对一个范围或者一个区域进行检索，这就是近邻检索。

图 3-10　精确检索（两个圆心）与近邻检索（两个圆）

从建立索引的角度来说，精确搜索就是空间中每一个点对应一个索引值，而近邻检索则是一个区域（如张三所在的圆）对应一个索引值。常用的近邻检索方法包括：局部敏感哈希（LSH）、乘积量化（Product Quantization，PQ）等。

下面我们将简单介绍语音检索、音频样例检索和哼唱检索，它们分别对应基于语义的音频信息检索、基于特征的音频信息检索和基于内容的音频信息检索。

四、语音检索

语音检索是以语音作为检索输入，或者以语音作为检索对象的信息检索技术，属于基于语义的音频信息检索。常用的有两种，一种是语音输入查询文本资料，如语音地图搜索，另一种是文本输入检索语音库，如语音关键词检索系统。语音地图搜索，目前手机地图软件都有类似功能，大家可以自行体验。

语音关键词检索系统，如新闻语音检索系统、电话语音关键词检索等，在索引库建立阶段，将所有的新闻、电话语音通过语音识别转写为文本，为了解决识别错误的问题，在识别后处理阶段，保留可信度比较大的多个候选识别结果，将这些候选结果一起进行 Hash 计算索引，并建立索引库。在检索阶段，根据查询输入项进行关键词查找，对检索的返回结果计算可信度并进行排序，然后输出检索结果（如 wav 文件、对应文本及可信度等），这个过程基本与文本检索一致，它们的不同之处是在排序信息中使用了识别结果的可信度信息。

五、音频样例检索

音频样例检索，是以音频样例输入查询音频数据库的检索方式，属于基于特征的音频信息检索。例如，听歌识曲，我们在听到一首很好听的歌时，想知道是什么歌，用手机录一段音频到歌曲库中进行检索。简单地说，就是通过一个音频片段（原始的音频片段或者录制的音频，允许有噪声及一定的失真）在音频数据库中搜索到对应音频的完整信息。

音频样例检索中的关键问题在于如何提取简单有效的特征。这里的"简单"是指特征不能过于复杂，不然不利于快速索引。"有效"是指特征要有区分性和一定的鲁棒性（健壮性、稳定性）。"区分性"是指这些特征能够表示这段音频与其他音频片段的差异。"鲁棒性"是指所提取的音频特征要对一些失真有很强的稳定性，即同一段音频经过转录、加噪后，其特征要保持不变。常用的特征有短时能量、过零率、频谱峰值点、频谱峰值点位置等。音频样例检索可以应用于以下的场合：①听歌识曲。通过歌曲或音乐的片段，检索对应的歌曲名、歌手、专辑等信息。②音视频版权或安全。音视频版权，查找特定音视频文件及其片段是否被非授权传播。音视频安全，例如在网络上发现一段不良音视频，希望找到所有包含该段音视频的音视频文件或网站。③广告监管。广告监管部门检测某个非法广告是否继续播放。广告厂商检测投放的广告是否按时足长播放。④多媒体去重。利用音频进行多媒体去重，可以缓解视频去重的庞大计算量问题。

六、哼唱检索

哼唱检索是通过哼（调）唱（词）歌曲的某个片段来找到想要搜寻的歌曲，是一种基于音乐旋律信息的音乐检索，故属于基于内容的音频信息检索。与音频样例检索最大的不同在于，哼唱检索输入不再是音频数据库中某个音频的片段，而是不同人哼唱的不同音频片段。哼唱检索的依据也不再是特征信息，而是比特征更高一层的旋律信息。哼唱检索最大的难点在于歌曲旋律信息的提取，主要表现为个性化差异和哼唱数据库问题。

（一）个性化差异

人类歌唱时的旋律信息主要表现为基音频率（音高）的相对变化，不同人的发声器官不同，基准音高不同，音域范围不同，节奏有差异，同时也存在哼唱不准确的问题。这些个性化差异使得即使是同一个歌曲片段，被不同人哼唱出来的基频曲线也会千差万别。所以，如何消除哼唱的个性化差异，是哼唱检索首先需要解决的问题。目前，主要采用的方法有基频曲线的归一化处理、特征提取、深度学习等。基音频率，简称为基频，是声带周期性振动的频率。语音的主要频率成分就是基频及其基频的 n 次谐波的组合。基频的高低决定了音调的高低，女声和童声音调较高，主要原因就是基频高。

（二）哼唱数据库

哼唱输入是人的歌声，而作为检索对象的歌曲数据库，大多包含歌声和伴奏声，无法直接使用。目前有两种方式来解决，一种是使用 MIDI（musical instrument digital interface）数据库，另一种是数据库主旋律提取，建立歌曲主旋律数据库。

1. 使用 MIDI

MIDI 数据库方案，优点是比较简单，解析 MIDI 文件就可以得到音符信息，缺点在于不是所有的歌曲都能找到对应的 MIDI 文件，而且 MIDI 中的音符表示和人的哼唱旋律表示（基音频率）存在差异；因此，检索系统需要吸收表示上的差异和个性化的差异。

2. 主旋律提取

歌曲中包含歌声和伴奏声，歌声含有基频，伴奏声中也含有基频。主旋律提取就是提取混合音乐中歌声的基频。主旋律提取的优点是，检索输入（哼唱）与检索对象（主旋律数据库）都是歌声，不存在旋律表示上的不一致的问题，只需要解决哼唱的个性化差异的问题；缺点是主旋律提取比较困难，提取的结果存在错误。目前的主旋律提取有两种方法，一种是通过多基频提取得到歌声和弦乐器的基频，然后通过主基频判断哪个基频是歌声基频，另一种是采用歌声分离方法分离出歌声信号，然后提取歌声基频。

哼唱检索系统框如图 3-11 所示，与一般的检索系统基本一致，不同之处在于特征提取阶段和索引阶段。在特征提取阶段，需要设计合适的特征提取算法，以保证同一段旋律的不同表达（检索哼唱输入和检索数据库）与经过特征提取后的旋律表达能够尽量一致，或者至少分布在一个集中的区域（即具有稳定性），且与其他旋律具有一定的间隔（即具有区分性）。在索引阶段，需要按照近邻检索的方案进行索引计算，以尽可能降低哼唱检索中差异性信息的影响。

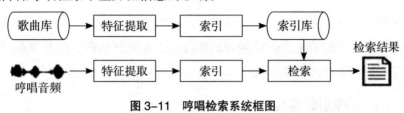

图 3-11　哼唱检索系统框图

第四章　图像识别技术

第一节　图像识别技术概述

图像识别技术是目前应用十分广泛的一项技术，它以图像的形状、颜色特征为基础，通过聚类的思想和方法从中获取图像的信息，进而实现图像的识别。近几年，图像识别的研究与应用日益增多，尤其体现在生物识别与卫星云图识别方面。生物识别（如指纹识别、人脸识别、虹膜识别及视网膜识别）具有良好的发展前景；条码、二维码的扫描，翻译软件常使用的文字识别及图片文字录入，车牌捕捉等技术，也是图像识别在日常生活中的常见应用。随着图像识别研究不断拓展和深入，其应用领域会愈加广泛。图像识别需要经过预处理、区域分割、特征提取等步骤，算法种类繁多而且不同算法间差别巨大，但一般流程基本相同。本节将会以其一般流程为基础，对图像识别技术的技术特点与技术原理进行简要介绍。

一、图像识别的一般流程

（一）图像的采集

图像识别的第一步是使用合适的方法采集图像，通过计算机进行下一步的处理操作。

（二）预处理

图像的预处理也是图像识别的必要步骤。图像预处理能够加大算法的精简度与可行度，提高识别算法运行的效率，增强特征提取和特征匹配的精确度。预处理主要分为图像增强、二值化和细化三个步骤。图像增强能恢复图像的原结构，为算法运行提供较好的环境，也能够提高图像质量；二值化是将输入的灰度图像转化为二值图像；细化是在二值化的基础上，将不是很均匀的二值图像转化为 1 像素宽的点线图像，以便实现算法。

（三）图像区域分割

经过预处理的图像已经可以开始识别，但还不适宜直接处理。图像作为一个整体，具有我们需要和不需要的部分，尤其是所需的目标部分和它的背景融成一体，不利于算法处理。因此我们先将输入的图像划为几个对应目标部分的区域，称为感兴趣区，再利用目标与背景的经验区别来进行标识与定位，经过一次或多次运算，将目标部分与背景和无用部分分离。感兴趣区包含了分区与分区的描述信息，特定的特征可以区别不同目标部分和非目标部分，其中可用的特征差别有灰度、色调、纹理和频谱特征等。因为特征具有特定性，所以这种分割方法还不具有通用性。目前大部分航空航天、军事、医用、通信和工业自动化等的图像识别技术都使用了图像区域分割技术。

（四）特征提取

图像的原始特征数量可能很大，这时可以通过映射或变换的方式在低维空间中表示样本特征。特征提取能够用数值形式表达目标图像的特征，在设计算法时应注意尽可能地保留真实特征，滤去无用的特征。

（五）判断匹配

图像的判断、分类与匹配是图像识别技术最重要，也是最热门的一个研究方向。在图像识别的处理系统中，输入的图像可能要和成百上千的其他图像进行匹配，为了降低运算量和提高算法精确度与可行性，需要精确及通用的方法对图像进行分类。图像匹配则是基于预处理、区域分割和特征提取，通过查找共有特征来比对二者相似程度，从而判断图像是否一致。当前，细节匹配算法是主流的匹配算法，如利用纹理特征进行图像识别。寻找具有更强表达图像特征能力的图像识别方式及其算法，至今仍是图像识别和人工智能领域的热点。

二、图像识别的技术特点和优点

（一）图像识别技术的特点

1. 信息量大

相对于文字信息，图像信息占用内存更大，频带更宽。计算机对图像进行存储和处理通常以二维的形式进行，图像的输入、传输、存储和处理过程，都需要计算机性能与存储量等相关方面的技术支持。

2. 关联性大

关联性是指计算机系统本身与图像的像素（或图像信息）之间的关联，很多时候只有通过压缩技术才可以实现图像的分类匹配。尤其是（客观上）三维的图像，图像本身当然不具备三维物体的特质，无法再现其三维几何信息，此时应进行适当的假设与重新测量，利用映射或变换等方式，引导识别并解决问题。

3. 人为因素大

后期的图像处理及修正可能需要人为处理和评价。人容易受到光线环境和知识限制等的影响，有时不能保证图像识别的精确性。因此为提升图像识别的质量，现在正致力于让计算机对人的视觉进行模仿，模仿人对图像进行评价的方式。

（二）现有图像识别技术的优点

1. 精确度高

计算机扫描仪可以实现 32 位图像像素的数字化处理，提高了图像识别技术的精确度。

2. 表现性高

图像识别处理过程中，计算机可以对几乎任何情况下的图像进行图像还原，能够对储存、输入等相关因素进行准确处理，保证处理的像素信息。

3. 灵活性高

在图像输入时，无论是显微镜下的亚微观图像还是天文望远镜下的小视角图像，计算机都能以客观情况为依据进行放缩，并以线性的运算和数学处理实现识别处理。图像识别技术利用二维数据对图像的某些颜色特征进行组合，从而高质量地显示图像，整个识别过程统一而又灵活。

三、图像识别技术的关键步骤

（一）图像区域分割方式

1. 利用灰度值

目前最常用的、效率最高的区域分割方式就是利用目标区域和非目标区域的灰度值来识别图像。例如，设定合适的阈值，对图像的每一个像素点的灰度值与阈值进行大小比较，将图像的像素归类为灰度值较大与较小的两部分，这样的方法适用于图像只有目标和背景的情况。但如果直接从具有多目标的原图中提取灰度特征，则容易输入大量的伪特征信息。

2. 区域生长与分裂合并

区域生长从每一个图像的像素开始，一步步合并形成感兴趣区。分裂合并则是从整个图像出发，逐步执行分裂和合并两个步骤，最终分割形成感兴趣区。这两种方法能够考虑像素在"空间"中的连续性和邻接性，能够有效消除单像素灰度的干扰，且具有很好的鲁棒性。

3. 利用边缘

不同区域之间往往在边缘处灰度值变化非常剧烈。可以先找到目标与非目标区域的边缘点，再逐步构成轮廓，最后找出感兴趣区。

（二）使用局部细节特征进行特征提取

直接提取灰度特征的方法和直接利用灰度值分割图像的方法具有相似性，效率高但易输出伪特征信息。若采取模仿人类的做法，即采用边缘区域规划全图特征，提取方向图、奇异点进行分类的方法，则具有很好的鲁棒性，但在图像质量较差时结果不可信。

图像识别技术的原理依据人类对图像的识别原理不断发展而来，本质上并不深奥，只是计算机所需要处理的信息十分复杂。图像处理技术其实是运用程序，使模拟在人类脑海中进行的图像识别过程的算法得以实现。目前，利用计算机实现图像识别主要是利用图像特征的描述对其进行处理。图像识别技术具有广泛的应用与研究领域，必将会在日新月异的当代社会中发挥更加重要的作用，创造更多的经济与社会价值。

第二节　图像识别

一、OCR 文字识别技术

OCR（optical character reader）指的是光学文字读取装置。OCR 装置主要由图像扫描仪和装有用于分析、识别文字图像专用软件的计算机构成。通用的 OCR 是先用图像扫描仪将文本以图像方式输入，计算机对该图像进行版面分析后提取出文字行，最后进行文字识别并把识别结果以文字代码形式输出。OCR 技术在过去仅用于一些专门领域，随着个人计算机性能的提高，现在在市场上已经可以买到低价位的通用 OCR 软件。这些软件通过版面分析技术来实现高精度的文字识别。

（一）版面分析方法

OCR 的功能是先从文本中按行提取出文字序列，再对其进行文字识别处理，最后按照文字的行序输出文字编码。在一般的文本中，除了文字行以外，还有图、表、公式等内容，要求各文字行从这些内容中分离出来。由于在文字行中包含有正文、注音文字、脚注、图表标题、题目、页码等属性不同的文字，所以根据文字的属性可得到正确的文字行。提取包含在文本中的各要素并进行解释的过程称为版面分析。文字图像一般可由图像扫描仪输入，分辨率可以按输入对象的不同进行调整，通常范围为 200 ~ 400 DPI，图像扫描仪都带有二值化功能，可很方便地进行二值化处理。

（二）文字识别技术

文字识别的思想始于 20 世纪 30 年代左右，因为当时还没有计算机，所以无法具体实现，其依据的原理就是模板匹配。1970 年左右开始，随着计算机的小型化和高性能化的发展，计算机在研究所和大学实验室得到普及，到 20 世纪 80 年代，文字识别技术得到了广泛的研究。该期间发表的研究论文在模式识别研究领域中所占的比重很大。欧美等使用罗马字母的国家，文字种类少，对印刷文字的识别显得容易些。汉字是历史悠久的中华民族文化的重要结晶，闪烁着中国人民智慧的光芒。汉字数量众多，仅清朝时期编纂的《康熙字典》就包含了 49 000 多个汉字，其数量之大，构思之精，为世界文明史所仅有。由于汉字为非字母化、非拼音化的文字，所以在信息技术及计算机技术日益普及的今天，如何将汉字方便、快速地输入到计算机中已成为关系到计算机技术能否在我国真正普及的关键问题。

由于汉字数量众多，汉字识别问题属于超多类模式集合的分类问题。汉字识别技术可以分为印刷体识别及手写体识别技术，而手写体识别又可以分为联机与脱机两种。从识别技术的难度来说，手写体识别的难度高于印刷体识别，而在手写体识别中，脱机手写体识别的难度又远远超过了联机手写体识别。到目前为止，除了脱机手写体数字的识别已有实际应用外，汉字等文字的脱机手写体识别还处在实验室阶段。联机手写体的输入，是依靠电磁式或压电式等手写输入板来完成的。20 世纪 90 年代以来，联机手写体的识别正逐步走向实用，方兴未艾。与脱机手写体识别和联机手写体识别相比，印刷体汉字识别已经实用化，而且在向更高的性能、更完善的用户界面的方向发展。文字识别系统很多，文字识别的大致步骤包括文字图像的预处理、文字图像的特征提取和文字识别的分类。

1. 文字图像的预处理

在版面分析基础上，分割出的单个文字所构成的文字图像为二值图像。需要对其进行尺寸规格化处理和细线化处理等预处理。尺寸规格化处理时，常将一个文字规格化为 32×32 ～ 64×64 的图像。细线化处理是为了提取构成文字线的像素特征。所谓的像素特征是指端点、文字线上的点、分支点、交叉点等，可根据像素的连接数来判断。另外，从经过细线化处理的图像中也能提取出线段的方向。

2. 文字图像的特征提取

特征提取的目的是从图像中提取出有关文字种类的信息，滤掉不必要的信息。特征提取方法虽然很多，但常用的只有网格特征提取、周边特征提取、方向特征提取三种方法。当手写文字作为识别对象时，有关于文字线方向特征、线密度特征等的提取方法。另外，还有注重背景而不是文字线的构造集成特征的提取方法。

3. 文字识别方法的分类

识别方法是整个系统的核心。识别汉字的方法可以大致分为结构模式识别、统计模式识别及两者的结合，还有人工神经网络。下面分别进行介绍。

（1）结构模式识别

汉字是一种特殊的模式，其结构虽然比较复杂，但具有相当严格的规律性。换言之，汉字图形含有丰富的结构信息，可以设法提取结构特征及组字规律，作为识别汉字的依据，这就是结构模式识别。结构模式识别是早期汉字识别研究的主要方法，其主要出发点是依据汉字的组成结构。从汉字的构成上讲，汉字是由笔画（点、横、竖、撇、捺等）、偏旁部首构成的；还可以认为汉字是由更小的结构基元构成的。由这些结构基元及其相互关系完全可以精确地对汉字加以描述，在理论上是比较恰当的。其主要优点是对字体变化的适应性强，区分相似字的能力强。但抗干扰能力差，因为实际得到的文本图像中存在着各种干扰，如倾斜、扭曲、断裂、粘连、纸张上的污点和对比度差等。这些因素直接影响到结构基元的提取，假如不能准确地得到结构基元，后面的推理过程就成了无源之水。此外，结构模式识别的描述比较复杂，匹配过程的复杂度因而也较高。所以在印刷体汉字识别领域中，纯结构模式识别方法已经逐渐衰落，方法正日益受到挑战。

（2）统计模式识别

统计决策论发展较早，理论也较成熟。其要点是提取待识别模式的一组统计特征，然后按照一定准则所确定的决策函数进行分类判决。常用于文字识别的统计模式识别方法有八种。

第一，模板匹配。模板匹配以字符的图像作为特征，与字典中的模板相比，相似度最高的模板类即为识别结果。这种方法简单易行，可以并行处理。但是一个模板只能识别同样大小、同种字体的字符，对于倾斜、笔画变粗或变细均无良好的适应能力。

第二，特征变换方法。对字符图像进行二进制变换（如 Walsh–Hadamard 变换）或更复杂的变换（如 Karhunen–Loève, Fourier, Cosine, Slant 变换等），变换后的特征的维数大大降低。但是这些变换不是旋转不变的，因此对于倾斜变形的字符的识别会有较大的偏差。二进制变换的计算虽然简单，但变换后的特征没有明显的物理意义。K–L 变换虽然从最小均方误差角度来说是最佳的，但是运算量太大，难以用于实际。总之，变换特征的运算复杂度较高。

第三，投影直方图法。利用字符图像在水平方向及垂直方向的投影作为特征进行文字识别。该方法对倾斜旋转非常敏感，细分能力差。

第四，几何矩特征法。M.K.Hu 提出利用矩不变量作为特征的想法，引起了研究矩的热潮。研究人员又确定了数十个移不变、比例不变的矩。我们总希望找到稳定可靠的、对各种干扰适应能力很强的特征，在几何矩方面的研究正反映了这一愿望。以上所涉及的几何矩均在线性变换下保持不变。但在实际环境中，很难保证线性变换这一前提条件。

第五，Spline 曲线近似与傅立叶描绘子。两种方法都是针对字符图像轮廓的。Spline 曲线近似是在轮廓上找到曲率大的折点，利用 Spline 曲线来近似相邻折点之间的轮廓线。而傅立叶描绘子则是利用傅立叶函数模拟封闭的轮廓线，将傅立叶级数的各个系数作为特征。前者对于旋转很敏感，后者对于轮廓线不封闭的字符图像不适用，因此很难用于笔画断裂的字符的识别。

第六，笔画密度特征法。笔画密度的描述有许多种，这里采用如下定义：字符图像某一特定范围的笔画密度是在该范围内以固定扫描次数沿水平、垂直或对角线方向扫描时的穿透次数。这种特征描述了汉字的各部分笔画的疏密程度，提供了比较完整的信息。在图像质量可以保证的情况下，这种特征相当稳定。在脱机手写体的识别中也经常用到这种特征。但是在字符内部笔画粘连时误差较大。

第七，外围特征法。汉字的轮廓包含了丰富的特征，即使在字符内部笔画粘连的情况下，轮廓部分的信息也还是比较完整的。这种特征非常适合于作为粗分类的特征。

第八，基于微结构特征的方法。这种方法的出发点在于：汉字是由笔画组成的，而笔画是由一定方向、一定位置关系与长宽比的矩形段组成的。这些矩形段称为微结构。利用微结构及微结构之间的关系组成的特征对汉字进行识别，尤其是对于多体汉字的识别，获得了良好的效果。其不足之处是，在内部笔画粘连时，微结构的提取会遇到困难。统计特征的特点是抗干扰性强，匹配与分类的算法简单，易于实现。不足之处在于细分能力较弱，区分相似字的能力差一些。

（3）统计识别与结构识别的结合

结构模式识别与统计模式识别各有优缺点，这两种方法正在逐渐融合。网格化特征就是这种结合的产物。字符图像被均匀地或非均匀地划分为若干区域，被称为"网格"。在每一个网格内寻找各种特征，如笔画点与背景点的比例，交叉点、笔画端点的个数，细化后的笔画的长度、网格部分的笔画密度等。特征的统计以网格为单位，即使个别点的统计有误差也不会造成大的影响，增强了特征的抗干扰性。这种方法正得到日益广泛的应用。

（4）人工神经网络

在英文字母与数字的识别等类别数目较少的分类问题中，常常将字符的图像点阵直接作为神经网络的输入。不同于传统的模式识别方法，在这种情况下，神经网络所"提取"的特征并无明显的物理含义，而是储存在神经物理中各个神经元的连接之中，省去了由人来决定特征提取的方法与实现过程。从这个意义上来说，人工神经网络提供了一种"字符自动识别"的可能性。此外，人工神经网络分类器是一种非线性的分类器，它可以提供我们很难想象到的复杂的类间分界面，这也为复杂分类问题的解决提供了一种可能的解决方式。

目前，对于像汉字识别这样超多类的分类问题，人工神经网络的规模会很大，结构也很复杂，还远未达到实用的程度。其中的原因很多，主要的原因在于对人脑的工作方式以及人工神经网络本身的许多问题还没有找到完美的答案。

下面以识别数字 0 ~ 9 为例，给出一种具体的识别方法。识别过程包括数字端点数提取、数字编码、识别三个阶段。

第一，数字"端点数"的计算。像素为端点的条件是在其 8 邻域中白色像素的个数只有 1 个。计算数字满足端点条件的像素个数即为该数字的端点数。端点数为 0 的数字包括 0、8；端点数为 1 的数字包括 6、9；端点数为 2 的数字包括 1、2、3、4、5 和 7。

第二，数字的编码。采用方向链码表示方法。数字编码的起始点为从上向下扫描时最先遇到的端点。对于没有端点的数字（0，8），以最上面的像素作为起始点。编码后的数字在后续的识别阶段，用来与事先准备好的局部模式进行匹配。

第三，识别。将经过编码的数字与事先存储好的局部模式进行匹配，就可确定出该编码数字对应的数字。

二、人脸识别

（一）人脸识别系统

人脸识别问题一般可以描述为：给定一个场景的静止或视频图像，利用已存储的人脸数据库确认场景中的一个或多个人。与一般的图像识别过程类似，人脸识别系统主要包括以下五个部分：人脸检测与定位、人脸图像预处理、人脸图像特征提取、分类器设计以及人脸图像识别。

第一，人脸检测与定位。对静态数字图像或者动态视频中的人脸进行检测并提取出来。首先检测图像或视频中是否包含待识别的人脸，如有则需要再次确定该人脸在图像或视频中出现的位置及尺寸。

第二，人脸图像预处理。由于图像采集时光照强度、周围环境、采集设备等因素的不同，导致所提取的人脸大小、位置、方向等有所差异，因此为了保证人脸识别的准确性，需要对人脸图像进行一些处理，包括图像校正、图像增强、图像去噪等。

第三，人脸图像特征提取。寻找人脸中相对稳定的成分，找出不同人脸图像中差别较大的成分，使提取到的图像特征具有良好的识别度、更高的可靠性和健壮性等特点。在不同维数的空间中，我们将人脸图像看作是一个点，通过特征提取使运算量大幅减小的同时也降低运算难度，通常先通过投影的方法将较高维数的人脸图像在维数较低的空间中表示。

第四，分类器设计。分类器的作用就是在对人脸图像进行特征提取之后，通过对比待测人脸和各个训练样本之间的特征相似度的大小来对待测样本进行分类。例如，可以通过计算样本之间的空间距离或者角度来确定相似度的大小。最近邻分类器、支持向量机分类器、基于神经网络的分类器都是近年在人脸识别算法中常用的分类器。

第五，人脸图像识别。这是整个人脸识别系统的最后一个步骤，将前面所提取的人脸特征和原有的数据库人脸特征进行对比，以判别待测人脸是否属于某个人脸库，如果属于，再判别属于哪张人脸。

（二）人脸识别算法

1. 基于几何特征的识别方法

基于几何特征的识别方法在面部识别中的应用最早，对于人类面部区域的生物特征先验知识有较大依赖。主要原理是获取人脸区域中的基本器官分布特征，如人的五官、面部形状及其相对位置等特征，将这些数据集成为特征向量数据，基于这些特征向量的相对关系、数据结构进行识别。

2. 基于统计特征的识别方法

这类方法主要依据统计数据进行面部识别，其中包括特征脸、支持向量机与隐马尔可夫算法等。最为经典的特征脸方法应用广泛，它是将面部区域提取的向量经过统计数据的算法变换获得特征表示，对面部特征进行表述识别；支持向量机识别算法有优于上述特征脸方法的识别效果，对于实时识别而言，算法计算复杂度较高，识别速度不高；隐马尔可夫的面部识别方法主要基于模型，将面部五官等数据的提取特征和状态迁移的隐马尔可夫模型进行关联，这种方法的识别效果较好，而且针对面部识别人脸姿态变化的影响方面有很好的适应性和健壮性，主要的困难在于应用实现的过程复杂。

3.基于弹性图匹配的识别算法

这种方法的基本思想是基于动态的链接结构，对于需要识别的源图像分析出最为接近的模型，利用数据顶点、向量，对面部位置数据进行存储分析，之后对模型图的节点进行运算匹配，据此进行面部识别。该算法对面部的局部特征更为重视，受源图像的光线条件、图像大小等因素的影响较小，在这方面比特征脸算法更加有优势。其局限性在于计算过程中忽略了面部图像变形，在排除干扰的同时，将图像内容转化为简单的向量特征，难以正确得到面部十分明显的特征，时间与空间占用量相对较多。

4.基于神经网络的人脸识别

人工神经网络在人脸识别方面也有很大的应用价值。在面部识别时，将面部特征数据输入网络结构，通过神经网络的相关参数获得面部识别的分类训练结果，以此进行面部识别。早期的神经网络算法采用自联想的基于映射的算法，之后发展了基于级联分类器训练思想的面部识别算法，对于待识别的面部图像有损毁的情况有非常好的适应性。相关的神经网络算法，近年来在面部识别的应用中有很大的应用范围，在健壮性、交互便捷等方面都有优势，并且也可以较好地排除光线条件、图像缩放等的干扰。其缺陷是在区分度方面不是很好，而且在训练分析上要花费大量时间，效率不高。自深度学习神经网络出现后，这种方法取代了上述方法，成为应用最为广泛的识别算法。

（三）人脸识别应用——人机交互

当前人们对人机交互的需求越来越强烈。在人们面对面的交流过程中，面部表情和其他肢体动作能够传达非语言信息，这些信息能够作为语言的辅助，帮助听者推断出说话人的意图。人脸表情是一种能够表达人类认知、情绪和状态的手段，它包含了众多的个体行为信息，是个体特征的一种复杂表达集合，而这些特征往往与人的精神状态、情感状态、健康状态等其他因素有着极为密切的关联。

智能人机交互（intelligence human–computer interaction）的初衷是摆脱机器或者计算机对人手动输入的局限，将图像作为人机交互平台的输入数据，通过让计算机分析理解图像来帮助计算机理解人类的真实意图，从而实现更加高效的与人类的自然交互。计算机可以准确高效地识别人脸表情，这对于实现自然和谐的人机交互系统有着极大的推进作用。

人类表情可以概括为七种基本的类别，即高兴、悲伤、愤怒、恐惧、惊讶、厌恶和中性。人脸可划分成 44 个运动单元（action unit，AU），这些不同的 AU 组合起来用来描述不同的人脸表情动作，这些 AU 展现了人脸运动与表情的联系。人脸表情识别过程一般包括三大部分：第一步是人脸检测与预处理，第二步是表情特征提取，第三步是表情分类。要进行人脸表情识别，首先要对图片中的人脸进行检测与预处理，也就是说要从图片中定位到人脸的存在，并且将其校正到合适的表情特征提取尺寸。这主要包括图像的旋转校正、人脸定位、表情图像的尺度归一等内容。然后从人脸表情图像中提取表情特征，提取特征的质量好坏直接关系下一步分类识别率的高低。在人脸表情特征提取中，为了有效防止维数危机并降低运算难度，一般还涉及特征降维和特征分解等步骤。最后一步是人脸表情分类，根据特征之间的区别，对人脸图像进行分类，具体的类别就是上面提到的七种基本表情。

虽然人类大脑从上百万年前就拥有了人脸识别的能力，人类从复杂背景中识别人脸相当容易，但对计算机来说，在人机交互中，人脸自动识别却是一个十分困难的问题，主要表现在以下几个方面：

第一，每个人的脸部结构都是相似的，每张人脸都有眼睛、鼻子、嘴巴，且都按照一定的空间结构分布，这对于利用人脸结构区分人类个体不利，还有一些特殊情况，如双胞胎甚至多胞胎。

第二，光线变化的问题。光线变化对人脸识别效果的影响比较大，如光线的强度、颜色、方向等这些外在因素达不到特定的要求，就会对识别效果产生一定的影响。

第三，遮挡物问题。人脸识别被广泛应用在各种公共场合，所以在采集人脸时难免会遇到面部被帽子、围巾、眼镜、口罩等装饰品遮挡的问题。还有人脸的一些非固定的特征，如假发、胡须、整容等，也使人脸检测和识别变得复杂。

第四，人脸面部表情和姿态问题。采集正面人脸时，在面对各种姿态和不同面部表情的情况下，人脸识别的结果都是不相同的，此外当人脸面部表情显得相对夸张时，人脸的识别率变化会更加明显。所以，如何在识别中降低表情对识别率的影响是一个重要的研究方向。

第五，采集人脸图像的质量问题。目前许多对人脸识别的研究，都是基于经过处理的或者现成的人脸库进行的研究，这些人脸库是在条件很好的环境下录制的，而实际应用中，由于设备或环境因素的约束，拍摄的人脸图片可能会出现不清晰或者像素较低等问题，最终会对识别结果有一定的影响。

总之，即使目前一些在商业领域较为成熟的人脸识别系统，其识别结果仍受到很多内在和外在因素的干扰，如图像采集时需要待测人员适当配合，还需要一个比较良好的环境。

三、指纹识别系统

由于指纹具有终身的稳定性和惊人的特殊性，很早以前在身份鉴别方面就得到了应用，且被尊为"物证之首"。下面首先介绍指纹的基本特征，然后介绍指纹识别系统。

（一）指纹的基本特征

指纹识别中，通常采用全局和局部两种层次的结构特征。全局特征是指那些用肉眼直接就可以观察到的特征，局部特征则是指纹纹路上的节点的特征。因为指纹纹路经常出现中断、分叉或打折，所以形成了许多节点。两枚指纹可能会具有相同的全局特征，但它们的局部特征却不可能完全相同。

1. 全局特征

全局特征描述的是指纹的总体纹路结构，具体包括纹形、模型区、核心区、三角点和纹数五个特征：①纹形。纹形可分为箕形、弓形和斗形三种基本类型，其他的指纹图案都基于这三种基本图案。②模式区。模式区是指指纹上包括了总体特征的区域，即从模式区就能够分辨出指纹属于哪一种类型。有的指纹识别算法只使用模式区的数据，而有的指纹识别算法则需使用完整指纹而不仅仅是模式区进行分析和识别。③核心区。核心区位于指纹纹路的渐进中心，在读取指纹和比对指纹时作为参考点。许多算法是基于核心点的，即只能处理和识别具有核心点的指纹。④三角点。三角点位于从核心点开始的第一个分叉点或者断点，或者两条纹路会聚处、孤立点、折转处，或者指向这些奇异点，三角点提供了指纹纹路计数跟踪的起始位置。⑤纹数。纹数是模式区内指纹纹路的数量。在计算指纹的纹数时，一般先连接核心点和三角点，这条连线与指纹纹路相交的数量即可认为是指纹的纹数。

2. 局部特征

局部特征是指指纹纹路上的节点的特征。这些特征提供了指纹唯一性的确认信息。人们根据纹路的局部结构特征共定义了大概 150 种细节特征，一般在自动指纹识别技术中只使用两种细节特征：分叉点和端点，其他细节特征都可以用它们的组合来表示。指纹局部特征包括：①起点：一条纹路的开始位置；②终点：一条纹路的终结位置；③短纹：一段较短但不至于成为一点的纹路，亦称小棒；④分叉点：一条纹路分开成为两条或更多条纹路的位置；⑤结合点：两条或更多条纹路合并成为一条纹路的位置；⑥环：一条纹路分开成为两条之后，又合并成为一条，这样形成的一个小环也称为小眼；⑦小勾：一条纹路打折改变方向；⑧小桥：连接两个纹路的短纹；⑨孤立点：一条特别短的纹路，以至于成为一点。

（二）指纹识别系统

1. 指纹图像的获取

现有指纹图像获取设备包括三类：光学取像设备、晶体传感器和超声波扫描。

（1）光学取像设备

光学取像设备依据的是光的全反射原理。光线照到压有指纹的玻璃表面，反射光线由 CCD 获取，反射光的量依赖于压在玻璃表面上指纹的脊和谷的深度和皮肤与玻璃间的油脂和水分。光线经玻璃射到谷后在玻璃和空气的界面发生全反射，光线被反射到 CCD，而射向脊的光线不发生全反射，而是被脊与玻璃接触面吸收或者漫反射到别的地方，这样就在 CCD 上形成了指纹的图像。由于光学设备的革新，光学取像设备的体积不断变小，在 20 世纪 90 年代中期，传感器可以装在 6×3×6 英寸（1 英寸 =2.54 厘米）的盒子里，在不久的将来其体积可以减至 3×1×1 英寸（1 英寸 =2.54 厘米）。这些进展取决于多种光学技术的发展。

（2）晶体传感器

晶体传感器有多种类型，最常见的硅电容传感器通过电子度量计来捕捉指纹。另一种晶体传感器是压感式的，其表面的顶层是具有弹性的压感介质材料，它们依照指纹的外表形状（凹凸）转化为相应的电子信号。其他的晶体传感器还有温度感应传感器，它通过感应压在设备上的脊和远离设备的谷的温度的不同就可以获得指纹图像。晶体传感器技术最主要的弱点在于，它容易受到静电的影响，这使得晶体传感器有时取不到图像，甚至会被损坏。另外，它并不像玻璃一样耐磨损，从而影响了使用寿命。

（3）超声波扫描

超声波扫描被认为是指纹取像技术中非常好的一种技术。超声波首先扫描指纹的表面，紧接着，接收设备获取了其反射信号，测量它的范围，得到谷的深度。与光学扫描不同，积累在皮肤上的脏物和油脂对超声波获得的图像影响不大，所以这样的图像是实际指纹凹凸表面的真实反映，应用起来更为方便。

2. 图像预处理

指纹采集设备所获得的原始图像有很多噪声，比如手指被弄脏，手指有刀伤、疤痕，手指干燥、湿润或撕破等都会影响图像的质量。图像预处理的目的是消除噪声，增强脊和谷的对比度。图像预处理部分包括以下步骤：图像分割、平滑处理、锐化处理、图像二值化、修饰处理和细化处理。

（1）图像分割

将原始指纹图像应用一定的算法进行剪切，在基本不损失有用的指纹信息的基础上产生一个比原始图像小的指纹图像，这样可减少之后各步骤中所要处理的图像的数据量。

（2）平滑处理

平滑处理的任务就是去除噪声干扰，而又不使图像失真。

（3）锐化处理

锐化是为强化指纹纹线间的界线，突出边缘信息，增强脊和谷之间的对比度，以利于二值化。试验表明，采用 7×7 的模板进行锐化是比较合适的。

（4）图像二值化

对于锐化的指纹图像，其直方图有明显的双峰，故易于选取阈值进行指纹图像二值化。

（5）修饰处理

指纹图像经过二值化后，纹线边缘往往凹凸不齐，受锐化的影响，画面出现离散点。为使图像整洁，边缘圆滑，需要进行修饰处理。

（6）细化处理

由于所关心的不是纹线的粗细，而是纹线的有无。因此，在不破坏图像连通性的情况下必须去掉多余的信息。为此采用半旋转式的细化方法，抽取纹线骨架。

3. 指纹的识别与分类

（1）定位

指纹定位是正确识别指纹的必要措施，任何的扭摆、错位都会造成误判。指纹定位有人工定位和自动定位两种方法。这里采用人工查对指纹所遵循的一套规则（如指纹三角点、中心点的确定等）进行人工定位。实际上，这项工作在指纹摄入时就已经进行了。人工定位按输入指纹的箕形、斗形和弓形进行定位，就可以迅速、准确地定位给定指纹，并由输入程序把该指纹图像送到计算机中。自动定位则由计算机确定相应的三角点及中心点，并经过适当的平移与旋转，达到匹配定位的目的。

（2）特征的选择

全力找出指纹纹理特征的奇异所在，可使识别大大简化。分析指纹的这些奇异细节，可归纳为九种情况：起点、终点、小桥、小眼、小钩、小点、小棒、分歧和结合。进一步分析又可把它们合并为端点和分叉这两个特征。这些简化既有利于计算机进行特征提取，又可节省大量的存储空间。

方向数也是表征指纹纹理的重要参数。由于纹线走向在定位后已经固定，因而累计的方向数也被固定了下来。尽管由于定位、量化等原因而出现一些差异，但同一指纹的方向数的总趋势是一样的，可达到较高的吻合度。在反复试验的基础上，选择端点、分叉和方向数作为特征。

（3）分区与提取

对已定位的图像，可直接分区进行特征提取。区的数量视定位的精确度及处理的效果而定。区的数量不宜过多，这样，一旦有较大定位误差，就会引起各区参数混乱，造成误判；当然，也不宜过少，它可造成整个系统的识别率下降。将指纹图像划分为纵横 8×4 的 32 个区，特征是按区域抽取的。把各区的特征量按序构成"指纹字"，用以表征给定指纹，并以此作为指纹库进行查对的基本单位。

由于提取特征是根据预处理后的图像进行的，图像的微小变异（如边缘不齐等）都会影响识别效果，因此必须建立正确的提取规则。例如，对于分叉特征，先由八方向探索，判别有无三个分叉点，再考虑每个分叉的步数。建立各个分叉中每叉三步走通为成功、反之为失败的规则，就可有三种情况：每叉均为成功，记为分叉；有一叉失败，不记；两叉失败，记为端点。对于伪端点，不难从端点的类型（始、终点）、步长及分叉的关系中找出相应的规则进行处理。

（4）指纹的分类

人工分类法目前比较成熟的方法是把指纹分为九类，即弓：弧形和帐形；箕：正箕和反箕；斗：环形、螺形、双箕形、囊形和杂形。这远远不能满足分类的需要，而且计算机难以实现。为此，必须寻求新的分类法。采用下面三级分类方法是可行的。①大分类：由操作者通过人机会话告诉计算机是何种纹型，如弓、箕或斗；②中分类：利用图像的总累计方向数，把同一类指纹进一步分成若干组；③小分类：利用指纹纹理的不对称性，如上（或左）半部与下（或右）半部的累积方向数之比，进一步把同一组指纹分成若干部分。由此所形成大、中和小分类信息就构成了"类别号"，它是到指纹库进行查对的依据。

（三）指纹库的建立与查对

指纹库是对指纹进行有效存储、管理的系统。根据数据库的一些设计思想和结构方法，采用分层模型和模块结构，并与上述的识别与分类有机地结合起来，可迅速有效地查对指纹。指纹经过识别和分类，形成了"指纹字""类别号"及指纹的分类层次。指纹查对是按照给定的"指纹字"到指纹库去查对有无该指纹。查对包括检索、删除及插入等操作。目前指纹识别系统具有简单、快速、有效及交互方便等特点，已用于中小城市的指纹卡管理、公安、票证稽查等方面的业务。

第五章　机器学习基础

第一节　机器学习的分类

机器学习根据训练的数据是否带有标记以及带标记数据所占比例的大小可将学习任务划分为三类：监督学习（supervised learning），即训练数据带有标记；无监督学习（unsupervised learning），即训练数据不带有标记；弱监督学习（weakly supervised learning），即训练数据中带有标记，但带有标记的数据占训练数据比例较低。

一、监督学习

监督学习是指在存在标记的样本数据中进行模型训练的过程，是机器学习中应用最为成熟的学习方法。其中数据存在标记的主要功能是提供误差的精确度量，也就是当数据输入到模型中得到模型预测值，能够与真实值进行比较得到误差的精确度量。在监督学习的过程（即建立预测模型的过程）中，可以根据误差的精确度量不断对预测模型进行调整，直到预测模型的结果达到预期的准确率，这样模型的准确性可以得到一定的保证。监督学习常见的应用场景有分类问题和回归问题。两者的区别主要在于待预测的结果是否为离散值，若待预测的数据是离散的（如"好瓜""坏瓜"），此类学习任务称为"分类"；若待预测的数据为连续的（如西瓜的成熟度为 0.96、0.95、0.94），则此类任务称为"回归"。在分类问题中只涉及两个类别的分类问题，人们一般称其中一个为正类（positive class），一个为反类（negative class）。当涉及多个类别时，则称为多分类任务。常见的监督学习应用包括基于回归或分类的预测性分析、垃圾邮件检测、模式检测、自然语言处理、情感分析、自动图像分类等。

二、无监督学习

与监督学习相对应，在不存在标记的样本数据中建立机器学习模型的过程称为无监督学习。由于不存在标记数据，所以没有衡量绝对误差。在无监督学习中得到的模型大多是为了推断一些数据的内在结构，其中应用最广、研究最多的就是"聚类"，其可以根据训练数据中数据之间的相似度，对数据进行聚类（分组）。经过聚类得到的簇也就是形成的分组可能对应一些潜在的概念划分，进而可以厘清数据的内在结构。如一批图形数据通过聚类算法可以将三角图形确定一个集合，圆点图形确定一个集合。经过这样的过程可以为下一步具体的数据分析建立基础，但需要注意，聚类过程仅能自动形成簇结构，但是簇对应的具体语义要使用者来进行命名和把握。其实从过程也可以看出无监督学习方法在于寻找数据集的规律性，这种规律性不一定要达到划分数据集的目的，也就是说不一定要对数据进行分类，而且无监督学习方法所需训练数据是不存在标记的数据集，这就使得无监督学习要比监督学习用途更广，如分析一堆数据的主分量或者分析数据集有什么特点都可以归为无监督学习。常见的无监督应用包括对象分割、相似性检测、自动标记、推荐引擎等。

三、弱监督学习

通过前面对监督学习的介绍，可以了解到监督学习技术和无监督学习技术，这两者已经成熟应用并且取得了巨大的成功，但为什么还需要弱监督学习呢？主要原因在于监督学习技术是通过大量有标签数据进行训练来构建模型，也就是每个训练样本都有一个标签标明其真实输出。但很多任务中的训练数据很难获得全部的真实标签信息，并且互联网数据往往大部分是无标签数据，而数据标注又具有很高的成本。但是对样本进行无监督学习又会造成标签样本的浪费，而且无监督学习过程太过于困难，这也导致了无监督学习发展缓慢，因此人们希望机器学习技术能够在弱监督状态下工作。所谓弱监督学习是指在训练数据中只有部分数据带有标签信息，同时大量数据是没有被标注过的，如医学影像、用户标签等类似数据集。本小节将对弱监督学习中的典型代表半监督学习、强化学习、迁移学习进行介绍。

（一）半监督学习

标记样本的数量占所有样本的数量比例较小，直接监督学习方法不可行，用于训练模型的数据不能代表整体分布，如果直接采用无监督学习则造成有标记数据的浪费。半监督学习处于有监督学习和无监督学习的折中位置。

在半监督学习中，尽管未标注的样本没有明确的标签信息，但是其数据分布特征与已标注样本的分布往往是相关的，这样的统计特征对于预测模型是十分有用的。半监督学习的基本思想是利用数据分布上的模型假设建立学习模型，对未标签数据进行标注。也就是说，半监督学习希望得到一个模型来对未标注数据进行标注，这样半监督学习就可以基于整个具有标注的样本数据进行训练，并寻找最优的学习器。由此也可以看出如何综合利用已标签数据和未标签数据是半监督学习要解决的问题。

在半监督学习中，有三个常用的基本假设来建立预测样例和学习目标之间的关系。

第一，平滑假设（smoothness assumption）。位于稠密数据区域的两个距离很近的样例的类标签相似，也就是说，当两个样例被稠密数据区域中的边连接时，它们在很大的概率下有相同的类标签；相反，当两个样例被稀疏数据区域分开时，它们的类标签趋于不同。

第二，聚类假设（cluster assumption）。当两个样例处于同一聚类簇时，它们在很大概率下有相同的类标签。这个假设的等价定义为低密度分离假设，即分类决策边界应该穿过稀疏数据区域，而避免将稠密数据区域的样例分到决策边界两侧。

聚类假设是指样本数据间的相互距离比较近时，则它们拥有相同的类别。根据该假设，分类边界就必须尽可能地通过数据较为稀疏的地方，以避免把密集的样本数据点分到分类边界的两侧。在这一假设的前提下，学习算法就可以利用大量未标记的样本数据来分析样本空间中样本数据分布情况，从而指导学习算法对分类边界进行调整，使其尽量通过样本数据布局比较稀疏的区域。

第三，流形假设（manifold assumption）。将高维数据嵌入到低维流形中，当两个样例处于低维流形中的一个小局部邻域内时，它们具有相似的类标签。主要思想是同一个局部邻域内的样本数据具有相似的性质，因此其标记也应该相似，这一假设体现了决策函数的局部平滑性。和聚类假设主要关注整体特性不同的是，流形假设主要考虑的是模型的局部特性。在该假设下，未标记的样本数据就能够让数据空间变得更加密集，从而有利于更加标准地分析局部区域的特征，也使得决策函数能够比较完美地进行数据拟合。流形假设有时候也可以直接应用于半监督学习算法中。如利用高斯随机场和谐波函数进行半监督学习，首先利用训练样本数据建立一个图，图中每个节点代表一个样本，然后根据流形假设定义的决策函数求得最优值，获得未标记样本数据的最优标记，利用样本数据间的相似性建立图，然后让样本数据的标记信息不断通过图中边的邻近样本传播，直到图模型达到全局稳定状态为止。

（二）强化学习

强化学习又称再励学习、评价学习或者增强学习，是一类特殊的机器学习算法。强化学习是让计算机（智能体 Agent）实现从一开始完全随机的操作，通过不断尝试，从错误中学习，最后找到规律，学会达到目的的方法，即计算机在不断的尝试中更新自己的行为，从而一步步学习如何操作得到高分。强化学习主要包含四个元素：智能体、环境状态、行动、奖励。强化学习的目标就是智能体，强化学习的训练数据不具有标签值，在进行强化学习的过程中，系统只会给算法执行动作的一个评价反馈，而且反馈还具有一定的延时性，当前的动作产生的后果在未来会得到完全的体现。强化学习不同于连接主义学习中的监督学习，主要表现在强化信号上，强化学习中由环境提供的强化信号是对产生动作的好坏做一种评价（通常为标量信号），而不是告诉强化学习系统（reinforcement learning system，RLS）如何去产生正确的动作。由于外部环境提供的信息很少，RLS 必须靠自身的经历进行学习。通过这种方式，RLS 在行动评价的环境中获得知识，改进行动方案以适应环境。

强化学习从动物学习、参数扰动自适应控制等理论发展而来，其基本原理是：如果 Agent 的某个行为策略导致环境正的奖赏（强化信号），那么 Agent 以后产生这个行为策略的趋势便会加强。Agent 的目标是在每个离散状态发现最优策略以使期望的奖赏和最大。强化学习把学习看作试探评价过程，Agent 选择一个动作用于环境，环境接受该动作后状态发生变化，同时产生一个强化信号（奖励或惩罚）反馈给 Agent，Agent 根据强化信号和当前环境状态再选择下一个动作，选择的原则是使受到正强化（奖励）的概率增大。选择的动作不仅影响这一时刻的强化值，而且影响环境下一时刻的状态及最终的强化值。学习过程可以描述为马尔可夫决策过程（markov decision process，MDP）。

强化学习的常见模型是标准的马尔可夫决策过程。按给定条件，强化学习可分为基于模式的强化学习（model–based RL）、无模式强化学习（model–free RL）、主动强化学习（active RL）和被动强化学习（passive RL）。强化学习的变体包括逆向强化学习、阶层强化学习和部分可观测系统的强化学习。求解强化学习问题所使用的算法可分为策略搜索算法和值函数（value function）算法两类。深度学习模型可以在强化学习中得到使用，形成深度强化学习。

（三）迁移学习

迁移学习又称为归纳迁移、领域适配，是机器学习中的一个重要研究课题，目标是将某个领域或任务中学习到的知识或模型应用到不同或者相关的领域和问题中。具体是指利用数据、任务或模型之间的相似性，将在旧领域学习过的模型应用于新领域的一种学习过程。迁移学习试图实现人通过类比学习的能力。迁移学习的总体思路可以概括为学习算法最大限度地利用有标注领域的知识，来辅助目标领域的知识获取，迁移学习的核心是找到源领域和目标领域的相似性，并加以合理利用。这种相似性非常普遍，比如人的身体构造是相似的；人骑自行车和骑摩托车的方式是相似的。找到这种相似性是迁移学习的核心问题。找到这种相似性之后，下一步的工作就是"如何度量和利用这种相似性"，度量工作的目标有两点：一是很好地度量两个领域的相似性，不仅定性地告诉人们它们是否相似，更定量地给出相似程度；二是以度量为准则，通过所要采用的学习手段，增大两个领域之间的相似性，从而完成迁移学习。另一点需要说明的是，与半监督学习和主动学习等标注性学习不同，迁移学习放宽了训练数据和测试数据服从独立同分布这一假设，使得参与学习的领域或任务可以服从不同的边缘概率分布或条件概率分布。其工作原理如图5-1所示。

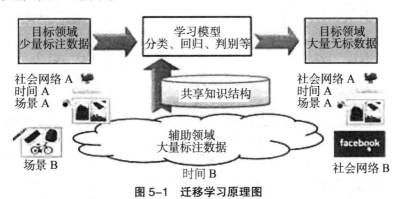

图5-1 迁移学习原理图

迁移学习是源领域和目标领域之间的知识迁移，在进行迁移学习前要考虑什么情况下适合进行迁移、用什么去迁移、如何进行迁移。解决了这三个问题，迁移学习就有了大致的思路。首先什么情况下适合进行迁移？其答案就是两个领域间有公有的知识结构。然后用什么去迁移？这个问题是迁移学习问题的关键，利用两个领域间的相似性进行知识迁移，这个相似性可能是两个领域的样本具有相似性，也可能是源领域的模型和目标领域的模型参数相似，还可能是两个领域的特征具有相似性。根据相似性的不同也就回答了如何进行迁移的问题，两个领域间的相似性不同，所以用的技术方法也就不同，根据特征相似采用特征迁移法，根据参数相似采用参数迁移法，根据样本相似采用样本迁移法，下面将重点介绍这三种迁移方法。

1. 样本迁移法

基于样本的迁移学习方法（instance-based transfer learning）是根据一定的权重生成规则对数据样本进行重用，来进行迁移学习。图5-2形象地表示了基于样本迁移方法的思想。源领域中存在不同种类的动物，如狗、鸟、猫等，但目标领域只有狗这一种类别。在迁移时，为了最大限度地和目标领域相似，可以人为地提高源领域中属于狗这个类别的样本权重。传统的机器学习模型都是建立在训练数据和测试数据服从相同的数据分布的基础上。比如监督学习，可以在训练数据上面训练得到一个分类器，用于测试数据。但是在许多情况下，这种同分布的假设并不满足，有时候训练数据会过期，而重新去标注数据又是十分昂贵的。

源领域（图像）　　　　　　目标领域（图像）

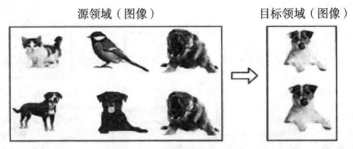

图5-2　样本迁移法思想图

这个时候如果丢弃训练数据又是十分可惜的，所以利用这些不同分布的训练数据训练出一个分类器，在测试数据上可以取得不错的分类效果。其核心思想就是对源领域样本的权重学习，使其接近目标领域的分布。对于源领域 D_S 和目标领域 D_T，通常假定产生它们的概率分布是相同的，即 $P(X_S)=P(X_T)$。通俗解释就是从源领域中找出那些长得最像目标领域的样本，让它们带着高权重加入目标领域的数据学习。对于源领域和目标领域的两个分布数据，对源领域的数据加入权重的概念。也就是说，对于一个样本，它在源领域的分布权重系数为 a，在目标领域的分布权重系数为 b，使用模型的预测概率作为源领域样本的权重。如果源领域样本的预测概率为1，即其和目标领域的分布非常接近，那么其权重为1，如果基本不相同，其预测概率明显会比较低，此时权重也低，根据样本权重参数进行样本迁移。具体做法如下：

①定义源领域、目标领域，源领域的数据标签为0，目标领域的数据标签为1。

②对模型进行交叉验证建模，看模型对于目标领域和源领域的区分度。

③如果区分度较高，且方差偏差可以接受，将预测结果归一化，代入模型的 sample_weights 参数进行训练。

第②步等于对样本属于目标领域和源领域这个问题建立了一个模

型，预测的概率值可以表示为 $P(T\mid X)$ 和 $P(S\mid T)$，二分类的权重相加为 1，所以权重就可以泛化为：

$$\beta_i=[1/P(S\mid T)]-1$$

可以将这个权重带入源领域的数据中作为权重（目标领域的数据权重为 1），带入模型来进行训练完成样本迁移。

2. 特征迁移法

基于特征的迁移方法（feature based transfer learning）是指通过特征变换的方式互相迁移来减少源领域和目标领域之间的差距；或者将源领域和目标领域的数据特征变换到统一的特征空间中，然后利用传统的机器学习方法进行分类识别。根据特征的同构性和异构性，又可以分为同构迁移学习和异构迁移学习。

基于特征选择的迁移学习方法是识别出源领域与目标领域中含义相同或非常相近的特征或表征，然后利用这些特征进行知识迁移。通过基于领域知识和业务逻辑进行特征选择或特征生成，其优点是能提取出强特征，解释性比较强，不需要太多数据；不足之处在于人工成本高，模型和数据不适用于其他地方。根据特征空间是否相同，分为同构迁移学习和异构迁移学习。所谓同构迁移学习是指源领域和目标领域的特征空间相同，主要通过降低源领域和目标领域之间样本的分布来进行迁移学习。其主要通过 MMD（maximum mean discrepancy）来近似地拉近特征分布的距离，并使用领域对抗学习（domain adversarial training）训练特征提取器使其能够提取领域不变特征（domain-invariant features），同时提取的特征（discriminative features）又具有较好的分类能力。在异构迁移学习中，源领域和目标领域的特征空间不同，主要通过对源领域和目标领域的特征进行转换来降低特征的差异并减小源领域和目标领域之间样本的分布来进行迁移学习。由于源领域和目标领域的特征空间不同，使用基于特征映射（或转换）的迁移学习方法，把各个领域不同特征空间的数据映射到相同的特征空间，在该特征空间下，拉近源领域数据与目标领域数据之间的分布。这样就可以利用在同一空间中的有标签源领域样本数据训练分类器，对目标测试数据进行预测，从而完成异构特征的迁移学习。

3. 参数迁移法

基于参数的迁移方法（parameter model based transfer learning）是指从源领域和目标领域中找到它们之间共享的参数信息以实现迁移的方法。这种迁移方式要求的假设条件是：源领域中的数据与目标领域中的数据可以共享一些模型的参数。

基于参数的迁移学习是通过在不同领域间共享参数，来实现迁移学习的效果，代表性方法为多任务学习（multi-task learning）。所谓的多任务学习，即同时学习多个任务，使得不同的学习任务能相互促进。因为多任务学习一般是通过共享特征来实现共享参数的功能，所以在实际应用中，需着重考虑两步，第一步是确定共享特征，以确定共享模型对应哪些参数；第二步是确定如何共享参数，即选用何种模型共享参数。对于第一步，需要具体业务具体分析。在确定共同特征后，需要先将不同领域样本对应的特征空间重新编码，以便将所有问题映射到同一特征空间中。

具体来说，可将源领域 D_s 和目标领域 D_t 对应的特征分为三部分：F_c、F_s 和 F_t，其中 F_c 表示 D_s 和 D_t 对应的共同特征集，F_s 和 F_t 分别表示仅在 D_s 和 D_t 中出现的特征。然后将 D_s 和 D_t 对应的样本统一编码到 F_c、F_s、F_t 三者并集对应的特征空间中去。对于第二步，实现了三种不同的模型，分别是神经网络（NN）、线性分形分类器（LFC）和梯度提升机（GBM）。下面以 NN 和 LFC 为例来说明多任务学习是如何"一心二用"的。

通过 NN 实现多任务学习的思路比较直观，如图 5-3 所示。图 5-3 上方是使用 NN 进行单任务学习的示意图，不同任务间并无任何关联，即"一心一意"。图 5-3 下方是使用 NN 进行多任务学习的模型示意图，可以看到两个任务共享一些神经网络层及相关联的模型参数，但输出层对应两个不同的任务，以此来实现多任务学习。

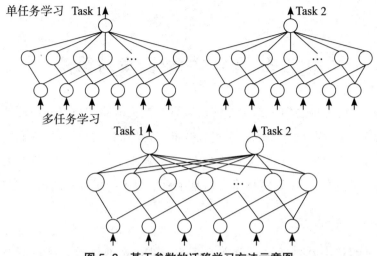

图 5-3　基于参数的迁移学习方法示意图

LFC 是基于 GDBT 开发的增强版 LR 算法，它能根据数据自动生成不同层次的特征，保证在细粒度特征无法命中的时候，层次化的上位更粗粒度特征可以生效。在多个实际业务中的应用结果表明，LFC 的预测效果和计算稳定性均显著优于 LR。LFC 在进行多任务学习时可看作是将模型参数 w 根据特征拆成三部分，即（w_c、w_s、w_t），其中，w_c、w_s 和 w_t 分别对应特征 F_c、F_s 和 F_t 的权重。模型训练阶段，在 D_s 对应的样本中，w_t 对应的特征取值均为 0；在 D_t 对应的样本中，w_s 对应的特征取值均为 0。两个领域通过共享 w_c 来实现相互学习。在实际应用多任务学习实现迁移学习效果时，D_s 和 D_t 对应的数据量可能差别很大，在模型迭代训练时，可以调整不同领域对应的迭代轮数，或对数据进行采样，或通过定义代价敏感的损失函数（cost-sensitive loss function）来调节。另外，多任务学习的目的是提升各个学习任务的效果，但迁移学习仅关注目标领域 D_t 的学习效果，可通过修改多任务学习的损失函数（如给予 D_t 更高的权重）来重点学习 D_t 对应的学习任务。

第二节　经典的机器学习算法

本节进一步介绍机器学习的经典算法，让机器学习进一步落地到应用。弱人工智能近几年取得了重大突破，悄然间，已经成为人们生活中必不可少的一部分。以智能手机为例，一部典型的智能手机上安装的一些常见应用程序，人工智能技术已经是手机上很多应用程序的核心驱动力。

一、分类算法

分类算法就是通过一种方式或按照某个标准将对象进行区分的算法。分类是一个有监督的学习过程，目标数据库中有些数据的类别是已知的，分类过程需要做的就是把每一条记录归到对应的类别之中，必须事先知道各个类别的信息，并且所有待分类的数据条目都默认有对应的类别。单一的分类方法主要包括 K− 近邻算法、决策树算法、随机森林、支持向量机、贝叶斯分类算法等。

（一）K− 近邻算法

K− 近邻（K−nearest neighbor，KNN）算法的核心思想是未标记样本的类别，由距离其最近的 k 个邻居投票来决定。具体来说，假设有一个已标记好的数据集，此时有一个未标记的数据样本，任务是预测出这个数据样本所属的类别。此时需要计算待标记样本和数据集中每个样本的距离，取距离最近的 k 个样本。待标记的样本所属类别就由这 k 个距离最近的样本投票产生。

K− 近邻算法是一种常用的监督学习方法，并且理论上比较成熟，也是最简单的机器学习算法之一。该方法的思路是：在特征空间中，如果一个样本附近的 k 个最近（即特征空间中最邻近）样本的大多数属于某一个类别，则该样本也属于这个类别。下面通过一个简单的例子来理解近邻算法的原理。

如电影可以按照题材进行分类，但是每一部电影又是如何分类的？

假如有两种类型的电影：动作片和爱情片。动作片有哪些共同的特征？爱情片又存在哪些明显的差别？可以发现动作片中打斗镜头较多，而爱情片中接吻镜头相对更多。当然动作片中也有一些接吻镜头，爱情片中也会有一些打斗镜头。所以不能单纯通过是否存在打斗镜头或者接吻镜头来判断影片的类别。现在有 6 部影片已经明确了类别，其中有打斗镜头和接吻镜头的次数，还有一部类型未知的电影数据，见表 5–1。

表 5–1　电影类型及相关数据

电影名称	打斗镜头	接吻镜头	电影类型
《罗马假日》	1	158	爱情片
《泰坦尼克号》	12	132	爱情片
《爱乐之城》	2	18	爱情片
《海王》	156	18	动作片
《蜘蛛侠》	99	3	动作片
《毒液》	107	2	动作片
《电影 X》	4	88	未知

通过正常的思维可以判断，接吻镜头多的话，这部电影是爱情片；打斗镜头多的话，这部电影是动作片。依此可以推断《电影 X》这部电影有很大的概率是爱情片。通过 K– 近邻算法怎么计算这部电影的类型？只需要计算欧氏距离（是一个通常采用的距离定义，它是在 m 维空间中两个点之间的真实距离）即可，计算公式见下图公式栏，数值越小，表明欧氏距离越接近。计算结果如图 5–4 所示。

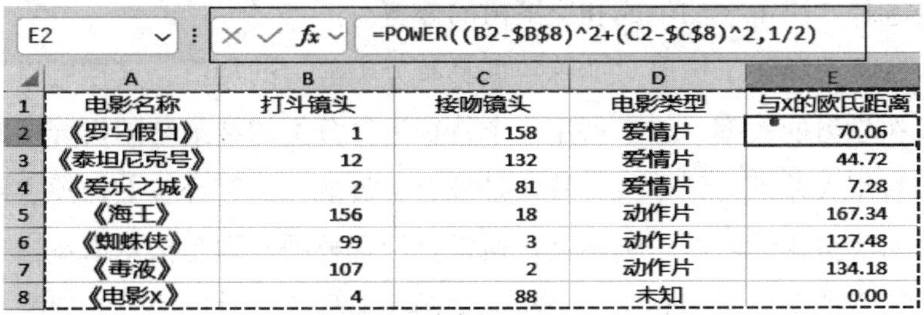
E2　=POWER((B2-B8)^2+(C2-C8)^2,1/2)

	A	B	C	D	E
1	电影名称	打斗镜头	接吻镜头	电影类型	与x的欧氏距离
2	《罗马假日》	1	158	爱情片	70.06
3	《泰坦尼克号》	12	132	爱情片	44.72
4	《爱乐之城》	2	81	爱情片	7.28
5	《海王》	156	18	动作片	167.34
6	《蜘蛛侠》	99	3	动作片	127.48
7	《毒液》	107	2	动作片	134.18
8	《电影x》	4	88	未知	0.00

图 5–4　欧氏距离计算结果

由此可以算出，《爱乐之城》和《电影 X》之间的欧氏距离最近，根据近邻思想，可以推断出《电影 X》也是爱情片。

通过以上实例可以看出 K– 近邻算法的三要素有：k 值选择、距离度量、分类策略规则。K– 近邻算法采用测量不同特征值之间的距离来进行分类。其优点有精度高、对异常值不敏感数据输入假定；其缺点有计算复杂度高、空间复杂度高等。它适用的数据范围有数值型和标称型。

（二）决策树算法

决策树（decision tree）是在已知各种情况发生概率的基础上，通过构成图谱来求期望值大于或等于零的概率，用于评价项目风险，判断其可行性的决策分析方法，是直观运用概率分析的一种图解法。由于这种决策分支画成图形很像一棵树的枝干，故称决策树。在机器学习中，决策树是一个预测模型，它代表的是对象属性与对象值之间的一种映射关系。决策树由下面几种元素构成：根节点，包含样本的全集；内部节点，对应特征属性测试；叶节点，代表决策的结果。决策树预测时，在树的内部节点处用某一属性值进行判断，根据判断结果决定进入哪个分支节点，直到到达叶节点处，得到分类结果。

决策树思想的来源非常朴素，最早的决策树就是利用程序设计中的条件分支结构（if–else）分割数据的一种分类学习方法。决策树是一种树形结构，其中每个内部节点表示一个属性上的判断，每个分支代表一个判断结果的输出，最后每个叶节点代表一种分类结果，本质是一棵由多个判断节点组成的树。

决策树是一种简单但是广泛使用的分类器，通过训练数据构建决策树，可以高效地对未知的数据进行分类。通常决策树学习包括三个步骤：特征选择、决策树的生成和决策树的修剪。

特征选择在于选取对训练数据具有分类能力的特征，这样可以提高决策树学习的效率，如果利用一个特征进行分类的结果与随机分类的结果没有很大差别，则称这个特征是没有分类能力的。经验上扔掉这样的特征对决策树学习的影响不大。通常特征选择的准则是信息增益，这是一个数学概念。下面介绍一个简单案例来加深读者对决策树的理解。

假如周末想去看一部爱情片，电影的票价不能超过 100 元，并且评分比较高，那么会选择哪一部电影？特征选择的过程如下：先对电影类型进行选择（爱情片和动作片），选择爱情片，经过这次分类，电影剩下

《罗马假日》《泰坦尼克号》《爱乐之城》。下一个特征选择为是否周末上映，选择周末上映，经过这次选择预选电影有《泰坦尼克号》和《爱乐之城》。下一个特征选择为价格小于或等于100元，得出电影是《泰坦尼克号》和《爱乐之城》。最后一次的特征选择为评分较高的电影，最后确定《泰坦尼克号》。

通过决策树算法，最终得到的结果是《泰坦尼克号》这部电影，如果觉得最终生成的这部电影是想看的，那么这个判定流程就是对的，也就是说这个决策树的生成正确。假如觉得电影价格不用作为特征，则可以把电影价格这个特征去除，这就是决策树的修剪，经过决策树的修剪使得整个树的高度变短。

可以看出决策树的优点有易于理解和解释，需要很少的数据准备。其他技术通常需要数据归一化，需要创建虚拟变量，并删除空值。使用树的成本（预测数据）是用于训练树的数据点的数量的对数。决策树学习者可以创建很复杂的树，这些树不能很好地推广数据，这被称为过拟合。设置修剪的机制，即设置叶节点所需的最小采样数或设置树的最大深度是避免此问题的必要条件。决策树可能不稳定，因为数据微小的变化都可能会导致完全不同的树被生成。

（三）随机森林

随机森林是一种重要的基于 Bagging 的集成学习方法，可以用来处理分类、回归等问题。针对单一分类器大多只适合于某种特定类型的数据，很难保证分类性能始终最优，而提出采用投票方法从这些分类器的结果中选择最优结果模型的 Bagging 集成方法，该方法可以提高单个模型的泛化能力和鲁棒性。随机森林正是包含多个决策树的分类器，并且其输出的类别由个别树输出类别的众数而定。随机森林利用相同的训练数据搭建多个独立的决策树分类模型，然后通过投票的方式，以少数服从多数的原则作出最终的分类决策。

例如，如果训练了5个决策树，其中有4个决策树的结果是 True，1个决策树的结果是 False，那么最终结果会是 True。在构造随机森林模型的流程中，每一个节点都随机选择特征作为节点分裂特征。由于随机森林在进行节点分裂时不是所有的属性都参与属性指标的计算，而是随机地选择某几个属性参与比较，就使得每棵决策树之间的相关性降低，同时提升每棵决策树的分类精度。

①假如有 N 个样本，则有放回地随机选择 N 个样本（每次随机选择一个样本，然后放回继续选择）。选择好了的 N 个样本用来训练一个决策树，作为决策树根节点处的样本。

②当每个样本有 M 个属性时，在决策树的每个节点需要分裂时，随机从这 M 个属性中选取出 m 个属性，满足条件 $m < M$。然后从这 m 个属性中采用某种策略（比如说信息增益）来选择 1 个属性作为该节点的分裂属性。

③决策树形成过程中每个节点都要按照步骤②来分裂（如果下一次该节点选出来的那一个属性是刚刚其父节点分裂时用过的属性，则该节点已经达到了叶子节点，无须继续分裂了），一直到不能够再分裂为止。注意整个决策树形成过程中没有进行剪枝。

④按照步骤①~③建立大量的决策树，这样就构成了随机森林。在随机森林模型中可能得到多个决策树的结果，可能得到 8 个结果中的 6 个结果是《电影 X》，两个结果是《爱乐之城》，这样便取决策多的一项，得到的算法结果是《电影 X》。

一个标准的决策树会根据每维特征对预测结果的影响程度进行排序，进而决定不同的特征从上至下构建分裂节点的顺序，所有在随机森林中的决策树都会受这一策略影响而构建得完全一致，从而丧失多样性。所以在随机森林分类器的构建过程中，每一棵决策树都会放弃这一固定的排序算法，转而随机选取特征。随机森林本身具有很高的精确度并且训练速度快，因为随机性的引入，使得随机森林不容易过拟合且具有很好的抗噪能力。随机森林能够处理高纬度的数据，所以不用做特征选择，其既能处理离散型数据，也能够处理连续型数据，数据集无须规范化。但是随机森林模型有很多不好解释的地方，有点像黑盒模型。

（四）支持向量机

支持向量机（support vector machines，SVM）是一种二分类模型，二分类模型是将实例的特征向量（以二维为例）映射为空间中的一些实心点和空心点，它们属于两类。SVM 的目的就是画出一条线，以"最好地"区分这两类点，如果以后有了新的点，这条线也能做出很好的分类。它的基本模型是定义在特征空间上间隔最大的线性分类器，SVM 学习的基本思想是求解能够正确划分训练数据集并且几何间隔最大的分离超平面。SVM 的学习策略就是间隔最大化，可形式化为一个求解凸二次规划的问题，也等价于正则化合页损失函数的最小化问题。也就是说，SVM 的学习算法就是求解凸二次规划的最优化算法。

支持向量机算法比较不容易理解，需要一定的数学功底进行复杂的数学推导。理解 SVM 需要先弄清楚一个概念：线性分类。现在有一个二维平面，平面上有两种不同的数据，分别用黑点和灰点表示，如图 5-5 所示。由于这些数据是线性可分的，所以可以用一条直线将这两类数据分开，这条直线就相当于一个超平面（超平面是多维空间的线性数据全集），超平面可形式化表示为 $wx+b=0$。对于线性可分的数据集来说，这样的超平面有无穷多个（即感知机），但是几何间隔最大的分离超平面却是唯一的。

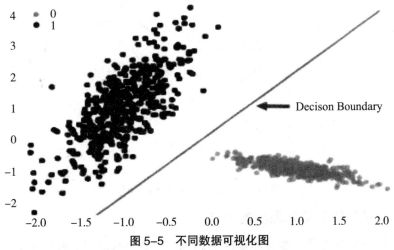

图 5-5　不同数据可视化图

那么如何找到这样一条最合适的分割线或者超平面？直观上，人们认为线条或者超平面距离数据点越远越安全，那么判定"最合适"的标准就是这条直线离直线两边数据的间隔最大。如图 5-6 中显示的黑线、粗线和灰线都可以把数据点分离开，直观上粗线是最合适的，因为粗线到两边的距离是最大的，所以 SVM 也称为最大间隔分类器。

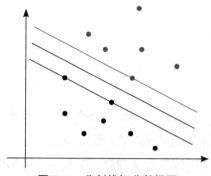

图 5-6　分割线切分数据图

问题的关键在于寻找有着最大间隔的超平面，这里不列公式，如何从概念上寻找这样的超平面如图 5-7 所示，首先要确定两边数据集的边际线（图中的两条虚线），而位于两条虚线中间且和两边虚线间隔相等的这条线就是要找的超平面，而落在两条虚线上的 X 和 O 数据点就是所谓的支持向量，相应的分析模型就是支持向量机。

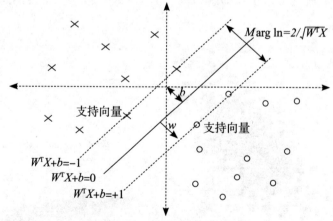

图 5-7　确定最大间隔超平面图

（五）朴素贝叶斯分类算法

贝叶斯分类是一类分类算法的总称，这类算法均以贝叶斯定理为基础，故统称为贝叶斯分类。其主要思想是：如果样本的特征向量服从某种概率分布，则可以利用特征向量计算属于每一类的概率，条件概率最大的类为分类结果。如果假设特征向量每个分量之间相互独立，则为朴素贝叶斯分类器，如果特征向量服从正态分布，则为正态贝叶斯分类器。其中，朴素贝叶斯分类是最常见的一种分类方法。下面重点介绍朴素贝叶斯分类算法。

贝叶斯分类算法的核心就是贝叶斯定理，使用贝叶斯公式计算样本属于某一类的条件概率值，并将样例判定为概率值最大的那个类。其中条件概率描述的是两个具有因果关系的随机事件的概率关系。例如，P（B|A）为定义在事件 A 发生的前提下，事件 B 发生的概率，则贝叶斯公式为：

$$P（B|A）=P（A|B）P（B）/P（A）$$

如果将上述公式换一种表达方式，则有

$$P（类别|特征）=P（特征|类别）P（类别）/P（特征）$$

最终只需要求 P（类别|特征）即可完成分类任务。这里的类别就是分类任务中存在的类，特征是待分类的样例。为了方便理解朴素贝叶斯，给出下面例子，给出的数据见表 5-2。

表 5-2　朴素贝叶斯例子数据表

是否帅	性格是否好	身高	是否上进	嫁与否
帅	不好	不高	不上进	否
不帅	好	不高	上进	否
帅	好	不高	上进	嫁
不帅	好	高	上进	嫁
帅	不好	不高	上进	否
帅	不好	不高	上进	否
帅	好	高	不上进	嫁

现在给出问题：如果一对情侣，男生想向女生求婚，男生的四个特点分别是不帅、性格不好、身高不高、不上进，请判断女生是嫁还是不嫁？这是一个典型的分类问题，转为数学问题就是比较 P（嫁（不帅、性格不好、身高不高、不上进））与 P（不嫁（不帅、性格不好、身高不高、不上进））的概率，谁的概率大，就能给出嫁或者不嫁的答案，这里

联系到朴素贝叶斯公式：

$$P（嫁|不帅、性格不好、身高不高、不上进）$$

$$P（不帅、性格不好、身高不高、不上进|嫁）P（嫁）$$

$$P（不帅、性格不好、身高不高、不上进）$$

需要求 P（嫁（不帅、性格不好、身高不高、不上进）），这是还不知道的，但是通过朴素贝叶斯公式可以转化为容易求解的三个量，P（不帅、性格不好、身高不高、不上进|嫁）、P（不帅、性格不好、身高不高、不上进）、P（嫁）。将待求的量转化为其他可求的值，这就相当于解决了这个问题。所以问题转化为求得 P（不帅、性格不好、身高不高、不上进|嫁）、P（不帅、性格不好、身高不高、不上进）、P（嫁）即可，最后代入公式，就得到最终结果。

其中，P（不帅、性格不好、身高不高、不上进|嫁）=P（不帅|嫁）P（性格不好|嫁）P（身高不高|嫁）P（不上进|嫁），那么只需要在训练数据中统计后面几个的概率即可得到左边的概率。上述等式成立条件为特征之间相互独立，这也是朴素贝叶斯分类名称的来源，朴素贝叶斯就是假设各个特征之间相互独立。

但是为什么需要假设特征之间相互独立？其原因可以概括为在实际的生活中往往具有非常多的特征，每一个特征的取值也非常多，通过统计来估计后面概率的值变得几乎不可能。如果不假设特征独立，由于数据的稀疏性，往往很容易统计得到概率为 0 的情况，这是不合适的。根据上面两个原因，朴素贝叶斯法对条件概率分布做了条件独立性的假设，这一假设使得朴素贝叶斯方法计算变得简单，但有时会牺牲一定的分类准确率。上例的计算如下：

统计样本数 P（嫁）=6/12（总样本数）=1/2，

P（不帅|嫁）=3/6=1/2，P（性格不好|嫁）=1/6，

P（不高|嫁）=1/6，P（不上进|嫁）=1/6，

P（不帅）=4/12=1/3，

P（性格不好）=4/12=1/3，

P（身高不高）=7/12，

P（不上进）=4/12=1/3.

代入贝叶斯公式得到：

P（嫁（不帅、性格不好、身高不高、不上进））=（1/2×1/6×1/6×1/6×1/2）（1/3×1/3×7/12×1/3）＝3/56。

同理可以求出 P（不嫁（不帅、性格不好、身高不高、不上进））=53/56。显然分类的结果是不嫁。

可以看出朴素贝叶斯具有算法逻辑简单、易于实现、分类过程中时空开销较小等优点。理论上虽然朴素贝叶斯模型与其他分类方法相比具有最小的误差率，但是实际上并非总是如此，这是因为朴素贝叶斯模型假设属性之间相互独立，这个假设在实际应用中往往是不成立的，在属性个数比较多或者属性之间相关性较大时，分类效果不好；而在属性相关性较小时，朴素贝叶斯性能最为良好。对于这一点，有半朴素贝叶斯之类的算法通过考虑部分关联性适度改进。

二、k 均值聚类算法

聚类是将一个数据集中在某些方面相似的数据成员进行分类组织的过程，聚类就是一种发现这种内在结构的技术，聚类技术经常被称为无监督学习。k 均值聚类算法（k-means）是聚类算法中的一种基本划分方法，在 1967 年由麦克奎恩（MacQueen）首次提出。由于其算法简便易懂，且在计算速度上具有无可比拟的优势，通常被作为大样本聚类分析的首选方案，因此成为最大众化的聚类方法之一被广泛应用。它将样本划分成 k 个集合，参数 k 由人工设定，算法将每个样本划分到离它最近的那个类的中心所代表的类，而类中心的确定又依赖于样本的划分方案。先随机选取 k 个对象作为初始的聚类中心，然后计算每个对象与各个聚类中心之间的距离，把每个对象分配给距离它最近的聚类中心。聚类中心以及分配给它们的对象就代表一个聚类。一旦全部对象被分配了，每个聚类的聚类中心会根据聚类中现有的对象重新计算聚类中心。这个过程将不断重复直到满足某个终止条件。终止条件可以是以下任何一个：没有（或最小数目）对象被重新分配给不同的聚类、没有（或最小数目）聚类中心再发生变化、误差平方和局部最小。

k 均值聚类算法是一个反复迭代的过程，算法分为以下四个步骤。

①选取数据空间中的 k 个对象作为初始中心，每个对象代表一个聚类中心。

②对于样本中的数据对象，根据它们与这些聚类中心的欧氏距离，按距离最近的准则将它们分到距离它们最近的聚类中心（最相似）所对应的类。

③更新聚类中心：将每个类别中所有对象对应的均值作为该类别的聚类中心，计算目标函数的值。

④判断聚类中心和目标函数的值是否发生改变。若不变，则输出结果；若改变，则返回②。

具体示例如图 5-8 所示。

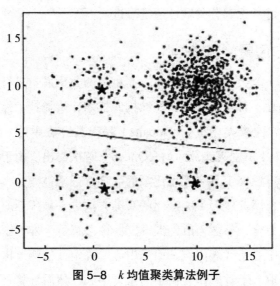

图 5-8　k 均值聚类算法例子

图 5-8 是给定一个数据集，根据 k=4 初始化聚类中心，保证聚类中心处于数据空间内。然后根据计算簇内对象和聚类中心之间的相似度指标对数据进行划分，将簇内数据之间的均值作为聚类中心，更新聚类中心。最后判断算法结束与否，其目的是保证算法的收敛。整个过程思路清晰简单，易于实现。

这里需要补充的是，在算法的开始要进行聚类中心选择，一般有两种情况：一种是在所有样本点中随机选择 k 个点作为初始聚类中心；另一种是在所有样本点属性的最小值与最大值之间随机取值，这样初始聚类中心的范围仍然在整个数据集的边界之内。虽然 k 均值聚类算法比较经典常用，但是传统的 k 均值聚类算法也具有相当多的局限性。

k 均值聚类算法中的 k 值（待聚类族的个数）必须由用户输入，而且 k 值必须是一个用户最先确定的参数。在一些实际问题的求解过程中，自然簇的个数 k 是没有事先给出的，在这种情况下，人们就需要运用其他办法来获得聚类的数目。k 个聚类中心的选择是随机的，经典的 k 均值算法需要随机选择初始中心，然后进行聚类和迭代，并最终收敛达到局部最优结果。因此聚类结果对于初始中心有着严重的依赖，随机选择初始中心会造成聚类结果有很大的随机性。k 均值聚类算法对于噪声和离群点数据非常敏感。该算法中，簇的中心求解过程是通过对每个簇求均值得到的，当数据集中含有噪声和离群点数据时，计算质心将导致聚类中心偏离数据真正密集的区域，因此，k 均值聚类算法对噪声点和离群点都非常敏感。

三、Apriori 关联规则算法

关联规则挖掘也称为关联分析，是数据挖掘中最活跃的研究方法之一。最早是由 R. Agrawal 等人在 1993 年针对购物篮分析问题提出的，其目的是发现交易数据中不同商品之间的联系规则。

这些规则刻画了顾客购买行为模式，可以用来指导商家科学地安排进货、库存以及货架设计等。关联挖掘算法中最早出现的就是将要介绍的 Apriori 关联规则算法。

关联分析是一种在大规模数据集中寻找相互关系的任务。这些关系可以有两种形式：频繁项集(frequent item sets)和关联规则(associational rules)。频繁项集是经常出现在一起的物品的集合，关联规则暗示两种物品之间可能存在很强的关系。下面用一个简单的交易清单例子来说明关联分析中的重点概念，数据见表 5-3。

表 5-3　Apriori 算法交易清单数据

交易号码	商品
0	豆奶、莴苣
1	莴苣、尿布、葡萄酒、甜菜
2	豆奶、尿布、葡萄酒、橙汁
3	莴苣、豆奶、尿布、葡萄酒
4	莴苣、豆奶、尿布、橙汁

频繁项集是指经常一起出现的物品，如 { 葡萄酒,尿布,豆奶 }。关联规则暗示两个物品之间存在很强的关系。关联规则可表示为形如 A → B 的表达式，如尿布→葡萄酒就是一个关联规则。

这意味着如果顾客买了尿布，那么他很可能会买葡萄酒，规则的度量包含可信度和支持度。支持度是指数据集中包含该项集的记录所占的比例，是针对项集来说的。如表 5-3 中 { 豆奶，尿布 } 的支持度为 3/4。支持度的公式可表示为：

$P（A \cap B）$=A、B 同时出现的次数 /A 出现的次数

其中，A、B 代表项集就如同例子中的豆奶和尿布。支持度揭示了 A 与 B 同时出现的概率。如果 A 与 B 同时出现的概率小，说明 A 与 B 的关系不大；如果 A 与 B 同时出现得非常频繁，则说明 A 与 B 总是相关的。关联规则的支持度等于频繁项集的支持度。

可信度是指出现某些物品时，另外一些物品必定出现的概率，是针对规则而言的。如规则 { 尿布 } → { 葡萄酒 }，该规则的可信度被定义为支持度 ({ 尿布，葡萄酒 }) / 支持度 ({ 尿布 })，其中支持度 ({ 尿布，葡萄酒 }) =3/5，支持度 ({ 尿布 }) =4/5，所以 { 尿布 } → { 葡萄酒 } 的可信度 = (3/5) / (4/5) =3/4。可信度的公式可表示为：

$P（B \mid A）=P（A \cap B）/P（A）=Support（AB）/Support（A）$

其中，A、B 代表项集，如例子中的尿布和葡萄酒。可信度反映了如果交易中包含 A 则交易包含 B 的概率，也可以称为在 A 发生的条件下 B 发生的概率。如果可信度为 100%，则 A 和 B 可以捆绑销售。如果可信度太低，则说明 A 的出现与 B 是否出现关系不大。

支持度和可信度是用来量化关联分析是否成功的一个方法，只有支

持度和可信度较高的规则才是用户感兴趣的规则。但在关联规则挖掘中应该合理设置支持度和可信度的阈值，如果支持度和可信度阈值设置得过高，虽然可以减少挖掘时间，但是容易造成一些隐含在数据中的非频繁特征项被忽略掉，难以发现足够有用的规则；如果支持度和置信度阈值设置得过低，又有可能产生过多的规则，甚至产生大量冗余和无效的规则，同时由于算法存在的固有问题，会导致高负荷的计算量，大大增加挖掘时间。假设想找到支持度大于 0.8 的所有项集，应该如何做？一个办法是生成一个物品所有可能组合的清单，然后统计每一种组合出现的频繁程度，但是当物品有成千上万个时，上述做法就非常慢。Apriori 关联规则算法可以大大减少关联规则学习时所需的计算量。

Apriori 关联规则算法是众多关联算法中的经典算法，该算法利用逐层搜索的迭代方法找出数据库中项集的关系，以形成规则，其过程由连接（类矩阵运算）与修剪（去掉那些没必要的中间结果）组成。该算法中项集的概念即为项的集合，包含 k 个项的集合为 k 项集。项集出现的频率是包含项集的事务数，称为项集的频率。如果某项集满足最小支持度也就是关联规则挖掘中的阈值，则称它为频繁项集，简称频集。

Apriori 关联规则算法的原理是：如果某个项集是频繁的，那么它的所有子集也是频繁的。这样看好像没什么用处，但其逆反定理就是：如果某一个项集是非频繁的，那么它的所有超集也是非频繁的。例如，已知阴影项集 {2，3} 是非频繁的，利用这个知识，就知道项集 {0，2，3}、{1，2，3} 以及 {0，1，2，3} 也是非频繁的。也就是说，一旦计算出了 {2，3} 的支持度，知道它是非频繁的后，就可以紧接着排除 {0，2，3}、{1，2，3} 和 {0，1，2，3}。Apriori 关联规则算法的出现，使得人们可以在得知某些项集是非频繁的之后，不需要计算该集合的超集，有效地避免了项集数目的指数增长，从而在合理时间内计算出频繁项集。

Apriori 关联规则算法的思想可概括为四个步骤，第一步：找出所有的频集，这些项集出现的频繁性至少和预定义的最小支持度一样。第二步：由频集产生强关联规则，这些规则必须满足最小支持度和最小可信度。第三步：使用第一步找到的频集产生期望的规则，产生只包含集合的项的所有规则，其中每一条规则的右部只有一项，这里采用的是中规则的定义。第四步：一旦这些规则被生成，那么只有那些大于用户给定最小可信度的规则才被留下来。为了生成所有频集，使用了递推的方法。Apriori 关联规则算法过程为通过迭代检索出事务数据库中的所有频繁项集（支持度不低于用户设定阈值的项集），然后利用频繁项集构造出满足用户最小信任度的规则。

Apriori 关联规则算法也存在着不足之处，如每一步产生候选项目集时，循环产生组合过多，没有排除不应该排除的元素，以及在每一次计算项目集的支持度时都对数据进行扫描比较，会大量增加计算机系统的 I/O 开销。针对这些问题有许多不错的改进算法。Apriori 关联规则算法通过优化频繁集的计算过程来提高算法的运行时间效率。矩阵剪枝分区查找算法是针对上述问题的另一种解决方法，其主要是基于矩阵进行查找，能够有效减少查找次数。

Apriori 关联规则算法广泛应用于各种领域，通过对数据的关联性进行分析和挖掘，挖掘出的这些信息在决策制定过程中具有重要的参考价值。例如，Apriori 关联规则算法可以应用于消费市场价格分析中，它能够很快地求出各种产品之间的价格关系和它们之间的影响；Apriori 关联规则算法可以应用于网络安全领域，比如网络入侵检测技术中；Apriori 关联规则算法可以应用于高校管理中，随着高校贫困生人数的不断增加，学校管理部门资助工作难度也随之增大，针对这一现象，提出一种基于数据挖掘算法的解决方法，将关联规则的 Apriori 关联规则算法应用到贫困助学体系中；Apriori 关联规则算法被广泛应用于移动通信领域，移动增值业务逐渐成为移动通信市场上最有活力、最具潜力、最受瞩目的业务之一。

第六章　人工智能的发展机遇及风险挑战

科技是人类发展进步的动力，从最早的钻木取火到如今的人工智能，科技进步的每一小步，往往都会推动人类发展一大步。科技也是把"双刃剑"，人类发展的历史也教育我们"物极必反"，对技术的滥用，会使人类失去自由，甚至带来毁灭。人工智能时代的到来，给安全保障带来了新的机遇，与此同时，也会出现各种安全威胁问题，严重危害人类的自身安全，因此，人类必须学会管控人工智能，使人工智能应用更加安全。

第一节　人工智能给不同行业带来的机遇与挑战

一、人工智能给审计行业带来的机遇和挑战

（一）人工智能给审计行业带来的机遇

第一，人工智能的使用提高了审计工作效率。审计业务中耗时最多的环节是审计证据的收集、汇总和分析，目前，财务机器人可以执行部分烦琐的工作，例如自动记录银行借贷款记录，并自动发送邮件给指定的人员确认款项事由，自动完成银行对账和调节表打印工作，将需要验证真伪的增值税发票提交到国税总局查验平台验证真伪，并反馈记录结果等。这些基础性工作交由财务机器人之后，实现了信息的实时反馈，提高了审计工作效率。

第二，人工智能的运用节约了大量的人力成本，有助于减少审计费

用支出。财务机器人抗压能力远高于人类，可 24 小时无休工作，并且它们拥有完美的逻辑运算能力，执行任务的精确度远远高于人类，还能快速响应审计业务的变化，最重要的是只需计提折旧，无须发放工资，节约了大量的人工成本。

第三，人工智能的运用有助于注册会计师将工作重心放在业务分析方面，有助于提高审计的准确性。在以往的审计项目中往往需要大量人员对被审计单位的资产、账目等情况进行核查，还需要对相关的财务信息进行汇总分析，而财务机器人将替代审计人员进行一些基础性、重复性的审计工作，使得审计人员从烦琐的基础性工作中解放出来，让他们有时间和精力去思考和判断被审计单位的潜在风险点，并制定出合适的审计程序和审计方法，以保证审计结果的准确、适当。

第四，人工智能的使用有助于审计范围的扩大。以往的审计工作中，审计人员由于时间和精力有限，不能对被审计单位的所有业务进行全面审计，而财务机器人的出现能够有效解决这一问题，它能够从众多的数据中收集与被审计单位有关的所有业务信息，并对这些信息进行汇总分析，通过扩大审计范围来获取充足的审计证据，为审计意见的发表提供支撑。

（二）人工智能给审计行业带来的挑战

人工智能的运用给审计工作带来了便利，同时也给审计行业带来了许多新的问题。

第一，系统性风险加大。人工智能的普遍运用使得审计工作人员对互联网技术的依赖性越来越强，但是近几年网络安全事故频频出现，一旦网络系统出现问题，将会造成数据丢失或错乱，影响审计结果的准确性。此外，事务所需要保留客户的财务信息，一旦事务所信息系统遭到黑客侵害，不仅会给事务所带来经济损失，还会造成客户信息泄露，给客户带来巨额损失。

第二，事务所信息维护和检查成本上升。为了保障人工智能正常运行，事务所需要定期对人工智能系统进行维护和更新，此外，还需要设置专门的人员对财务机器人的工作进行抽查，检查其在日常工作中是否正常运行，这些都会提高事务所的经营管理成本。

第三，缺乏与被审计单位的信息沟通，无法获得充分、适当的审计证据。审计工作中信息的沟通和交流十分重要，然而人工智能与人类的交流方式有限，无法掌握复杂的双向沟通技巧，更不具备人类的感情，不能通过与被审计单位员工的沟通和检查其日常工作来判断企业的流程缺陷和潜在风险点。

第四，给注册会计师的就业前景带来了较大的挑战。人工智能可以替代审计人员执行大量的审计工作，这会使得会计师事务所人员规模缩减，不少注册会计师将面临失业的威胁。

二、人工智能给制造行业带来的机遇与挑战

"人工智能 + 制造"是中国制造业升级转型的一个重要途径。将人工智能技术用于制造业将有效提高生产效率；实现柔性化生产；提高产品质量，降低人为错误；持续改善工艺，提升成品率，并降低生产成本。未来几年，中国制造业转型升级的巨大需求可以为"人工智能 + 制造"市场的拓展提供极好的机遇。不过，"人工智能 + 制造"机遇与挑战并存。

一方面，近年来全球人工智能应用不断拓展，人工智能领域的资金投入迅速增长，人工智能的数据、算力和算法都取得很大的进步，技术可行性越来越高。大数据相关技术在数据输入、储存、清洗、整合等方面做出了贡献，帮助提升了人工智能深度学习等算法的性能。云计算的大规模并行和分布式计算能力带来了低成本、高效率的计算力。物联网和通信技术的持续发展也为"人工智能 + 制造"的发展提供了重要的基础设施。在 5G 等无线互联技术的支持下，数据的传输与处理速度将进一步提升。同时，传感器、无线传感网络等技术的发展帮助"人工智能 + 制造"系统收集大量的制造流程、物流等数据，高质量的海量数据对人工智能数据训练至关重要。总体而言，上述技术的发展使得人工智能赖以学习的标记数据获得的成本在不断下降，算力增长也为"人工智能 + 制造"的应用提供了条件。在过去 10 年间，芯片处理能力提升、云

服务普及以及硬件价格下降使计算能力大幅提升。成本不断下降以及算力的提高为"人工智能＋制造"的实施提供了保障。

另一方面，中国发展"人工智能＋制造"还面临诸多挑战。这表现在以下几点：首先，关键技术自主能力弱。在"人工智能＋制造"所涉及的关键技术上，我国的自主能力还比较弱。相关技术包括半导体芯片、核心装备部件、相关软件、算法等。这些关键技术，尤其是芯片等基础技术，需要大量的人力、物力投入以及长期的技术积累和经验沉淀，短时间内难以突破。其次，传统制造业的管理模式陈旧。传统制造企业的根基起源于工业时代的大规模、标准化生产，其管理模式仍然以金字塔、多层次、细分化为主。这种企业管理模式灵活性差，难以适应快速变动的制造任务和客户需求。未来，人工智能的实施需要人机协同、人机分工，组织管理也需要更灵活、更高效。为了适应这种变化，很多传统制造企业的管理模式需要改变。再次，资金投入不足。虽然人工智能行业吸引了很多资金涌入，但在"人工智能＋制造"应用领域的资金投入比较少。这主要是由于传统制造业利润普遍不高，而传统制造企业的改造升级涉及大量的设备、软件和硬件更新与改造，需要长期、大量的资金投入，投资周期长，短期效益很难显现。因此，虽然"人工智能＋制造"的概念深入人心，但真正拿出真金白银投入的相对较少。最后，制造业细分领域众多，每个细分的行业标准不一。即使在同一制造业领域，企业情况也是千差万别的。因此，"人工智能＋制造"项目实施面临的情况十分复杂，没有什么统一的标准可言。例如，在企业车间往往有大量不同厂牌的数字化机床和其他工业自动化产品，涉及很多不同的工业以太网和现场总线标准，厂家软硬件不兼容的情况非常普遍。由于数据格式不兼容，只是进行设备改造，将底层数据收集上来就要花费很多时间和精力，还需要对这些数据进行清洗和转化。对传统制造企业来说，相关标准缺少和复杂的生产线现状使得实施"人工智能＋制造"困难重重。

第二节　人工智能带来的安全威胁

一、人工智能识别结果的可靠性

目前，智能技术的研究大量集中于如何让机器进行自主、无监督的学习，但随着这些机器在长时间的数据分析中进行自我训练，它们也可能学会一些人类没有预计到的、不希望看到的，甚至是会造成实质性伤害的行为，这说明智能识别结果的可靠程度还远远没有达到人类的要求。由于其对于样本的依赖，黑客就可以通过离线模拟产生特定的攻击样本，诱导智能系统给出错误的决策和行为。当人工智能从封闭的实验室走向开放的外部世界，可能会有不可预知的事情发生，从而引发在智能系统控制下的飞机、发电厂、车辆、桥梁等设备的安全问题。

二、人工智能对人类隐私的侵犯

传统社会中，人际间的社交范围相对较小，私人信息的传播往往相对可控。但人工智能的出现，使得大量人类行为、情绪表达被数字化，并进行了模式提取，使得对个人行为的预测成为可能。如果这些数据被泄露或被人为利用，将会严重影响人类的工作和生活。

当前，世界各国都在利用信息技术改造传统产业，提出了一系列新的科技发展战略，抓紧抢夺技术制高点，如德国的"工业4.0"、美国的工业互联网、中国的"智能制造2025"发展战略。这些规划都建立在大数据、云计算等新兴信息技术基础上，其核心是对于数据的加工利用，这在高端智能装备上体现得更加明显。中国的高端装备目前还需要大量依赖进口，才能够满足制造业以及社会生活的需要。在装备使用过程中，会产生大量的关键数据，而这些数据会被设备采集、保存和利用，一旦泄露就可能会导致自主知识产权信息被对手所掌握、利用，严重威胁企业利益甚至国家安全。同样，在医疗领域，疾病研究已经迈入基因层面，大量引进的高端医疗装备有可能导致病人的基本信息被采集和外泄。随着基因技术的发展，国家人种的基因信息有可能被采集、外泄、恶意利用，甚至用于基因改变。

人工智能水平的高低体现在从数据到知识的抽取过程中。在机器学习驱动下，无数个看似不相关的数据片段可能被整合在一起，可以识别出个人行为特征甚至性格特征。例如，将网站浏览记录、聊天内容、购物过程和其他各类记录数据智能组合起来，就可以勾勒出特定对象的行为轨迹，并可分析出个人偏好和行为习惯，严重侵犯他人的隐私。显然，人工智能的发展，使得人类的隐私更加容易泄露，泄露渠道更多、泄露过程更快。

三、人工智能使伪造变得更加简单

诚信是人类社会安全活动的基石，而人工智能的广泛使用却使得信息数据的伪造变得更加容易，严重地破坏社会秩序。例如，笔迹伪造，英国伦敦大学学院的科研工作者研发的用于笔迹伪造的智能算法，可以学习和伪造各种样式的笔迹，犯罪分子可能利用人工智能伪造出具有较高相似度的法律或金融文件签名；声音伪造，谷歌的 WaveNet 可通过收集和分析大量音频信息并提取相关音频特征，实现对不同人声音的模仿，音频在未来将不再是一个可信的证据来源；照片和视频伪造，如今人工智能可以通过学习大量数据伪造视频和图像，且足以以假乱真，如华盛顿大学的计算机科学家利用人工智能，通过收集网络上奥巴马的演讲视频和照片，对其进行分析，掌握不同声音与嘴形之间的关联关系，成功伪造出逼真的奥巴马的假视频。人工智能用于数据造假产生的影响，轻则只是娱乐，重则可能会削弱社会信任，甚至诱发犯罪。未来，音频、视频和照片的真实性将遭到更大的质疑。

参考文献

[1] 安俊秀，叶剑，陈宏松．人工智能原理、技术与应用 [M]．北京：机械工业出版社，2022．

[2] 常春燕，荣喜丰．计算机应用技术及其创新发展研究 [M]．长春：吉林科学技术出版社，2021．

[3] 常颖，常大俊，李依霖，等．操作系统 [M]．北京：北京理工大学出版社，2022．

[4] 陈静，徐丽丽，田钧．人工智能基础与应用 [M]．北京：北京理工大学出版社，2022．

[5] 刁生富．重塑：人工智能与学习的革命 [M]．北京：北京邮电大学出版社，2020．

[6] 弗吉尼亚·迪弗兰．负责任的人工智能何以可能？ [M]．上海：上海交通大学出版社，2023．

[7] 何泽奇，韩芳，曾辉．人工智能 [M]．北京：航空工业出版社，2021．

[8] 李克红．人工智能视阈下财务管理研究[M]．北京：首都经济贸易大学出版社，2021．

[9] 李严，杨向东．陕西省大数据立法思考 [J]．网络安全技术与应用，2022（2）：80．

[10] 李艳玲．人工智能方向图像处理应用技术 [M]．北京：中国原子能出版社，2020．

[11] 林姝琼．人工智能基于企业财务大数据的应用 [J]．商场现代化，2022（12）：147–149．

[12] 刘丽，鲁斌，李继荣，等．人工智能原理及应用 [M]．北京：北京邮电大学出版社，2023．

[13] 刘燕．大数据分析与数据挖掘技术研究 [M]．北京：中国原子能出版传媒有限公司，2020．

[14] 刘振东，孔令信．大学计算机基础教程 [M]．重庆：重庆大学出版社，2021．

[15] 马晓敏．大学计算机基础（第五版）[M]．北京：中国铁道出版社，2022．

[16] 穆晓芳，尹志军．大学计算机应用基础 [M] 北京：北京邮电大学出版社，2022．

[17] 潘晓霞．虚拟现实与人工智能技术的综合应用 [M]．北京：中国原子能出版社，2018．

[18] 佘玉梅，段鹏．人工智能原理及应用 [M]．上海：上海交通大学出版社，2018．

[19] 田凤娟，徐建红．人工智能伦理素养 [M]．北京：北京邮电大学出版社，2023．

[20] 王静逸．分布式人工智能 [M]．北京：机械工业出版社，2020．

[21] 王维莉 . 人工智能赋能智慧社区 [M]. 上海：上海科学技术出版社，2021.

[22] 杨大辉 . 深度学习的技术 [M]. 北京：北京时代华文书局，2021.

[23] 袁强，张晓云，秦界 . 人工智能技术基础及应用 [M]. 郑州：黄河水利出版社，2022.

[24] 张德丰 . TensorFlow 深度学习从入门到进阶 [M]. 北京：机械工业出版社，2020.

[25] 张楠，苏南，王贵阳，等 . 深度学习自然语言处理实战 [M]. 北京：机械工业出版社，2020.

[26] 郭军，徐蔚然 . 人工智能导论 [M]. 北京：北京邮电大学出版社，2021.